教科書沒有的

奇趣冷知識

名人篇

明報出版社編輯部 編著

目錄 ••

名人嗜好各不同

才子才女的生活剪影

改變世界的非凡人物

以人物命名的事物

中西王室
多八卦

秦始皇因為佩劍太長
而差點被殺？

秦始皇嬴政是中國歷史上的首位皇帝，他統一戰國時代的中原各國勢力，成為壯大的秦國。就在嬴政未統一六國前，曾經發生了「荊軻刺秦王」，相信大家都聽過這個故事。你又知不知道，荊軻其實幾乎成功刺殺，其中一個原因，是秦王的佩劍太長，人又不夠高，使他未能及時拔劍自衛！

話說當時嬴政已經滅了韓國和趙國，大軍逼近燕國。燕國的太子丹便想找人刺殺秦王，後來找到衛國人荊軻，荊軻又找人在匕首上沾滿劇毒。之後，荊軻帶着秦國叛將樊於期的人頭，連同燕國的地圖，假裝代表燕國出使，要向秦王割讓土地，計劃藉機行刺，將秦王一劍封喉。

荊軻來到秦王面前，把準備好的地圖慢慢捲開，捲到最後，圖窮匕見，荊軻左手抓住秦王的衣袖，右手拿起藏在卷尾的匕首，隨即刺向秦王！

秦王掙扎扯斷衣袖，立即想從腰間拔出佩劍自救，卻拔不出劍，手忙腳亂下唯有繞着柱子逃跑，荊軻則在後面追。兩人上演追逐戰之際，大臣喊着「王負劍」提醒，御醫把藥袋擲向荊軻，秦王才有時間把劍推到背後，順利拔劍後連斬荊軻八刀，才得以保命。

為什麼秦王一開始拔不出劍來？

考古學家近年在兵馬俑坑中發現了一些秦朝使用的青銅長劍，長得接近 1 米，大約就像一個 3 歲男孩一樣高！於是考古學家估計，秦王當時應該是使用這類「加長版」的青銅劍，但由於劍身過長，所以他很難一下子就能夠從腰中拔出劍。

歷史學家也做過實驗，如果要輕鬆從腰間拔出 1 米長的青銅劍，那個人的身高至少要 1.9 米，比一個雙門雪櫃還要高！

還有，根據秦國法律，朝臣不准攜帶兵器進入大殿，持有武器的宮廷侍衛，沒有王的命令就不能上殿，結果當荊軻拿出匕首時，宮殿中沒有人能幫秦王擋住荊軻。

如果秦王當日死於荊軻的匕首之下，到時歷史很可能就完全改寫了！

兒時的一盤棋局，
竟引發血流成河的內戰？

　　漢文帝劉恆在位時，有一天在長安的太子宮殿中，太子劉啟和親戚劉賢兩個小朋友在玩「六博棋」，那是模擬鳥類在池塘獵魚的遊戲。小朋友下棋本來是很平常的事，但後來兩人為了爭輸贏，吵起架來，劉啟性格衝動，一怒之下，就拿起棋盤擲向劉賢的頭，使劉賢當場死亡。這個暴力的小朋友劉啟後來成為漢景帝，而這場血腥的棋局，也為日後一場內戰種下禍根。

　　先說說漢朝的政局：劉邦把自己家族的人封為「諸侯」，讓他們幫忙管理龐大的國土；位於長安的皇帝權力最大，但諸侯在封地也有一定勢力。這就是郡國制。

再說說各人的關係：打人的劉啟，是漢文帝的兒子，也是漢朝開國皇帝劉邦的孫子；被棋盤砸死的劉賢，是劉邦哥哥劉喜的孫子，父親劉濞管理着封地吳國。簡單說，劉啟和劉賢是遠堂兄弟。

劉賢死後，漢文帝便下命令，將屍體送回吳國埋葬。劉濞看到兒子無端被殺，王室也沒有什麼交代，自然生氣到不得了，憤怒地說：「天下都是劉家的，死在長安，就葬在長安，何必送回吳國埋葬呢？」於是又派人把劉賢的屍體運回長安，要令漢文帝羞愧。

劉濞懷恨在心，之後便在吳國內專門作對。例如其他諸侯要來吳國逮捕罪犯，他都一律拒絕。更甚的是，諸侯其實不時要到長安覲見天子，劉濞就一直裝病不去。漢文帝雖然氣憤，但也知道理虧在先，便說吳王年老，准他毋須再到長安覲見，以及賞賜他用來挨傍的倚几及枴杖。

後來漢文帝駕崩，劉啟登基成為漢景帝，他聽從御史大夫晁錯的建議，削弱諸侯國勢力，收回楚王劉戊、膠西王劉卬等人的封地。劉濞擔心自己的領土也被削減，加上殺子之仇未報，索性聯同其他心懷不滿的諸侯起兵反抗，成為有名的「七國之亂」。雖然漢景帝很快就殺掉晁錯，但是未能平息諸侯的怒火，劉濞更自立為皇帝。漢景帝便派太尉周亞夫率軍打仗，最終擊敗叛軍，劉濞兵敗被殺。即是劉啟前後間接殺了劉濞兩父子！

後來歷史學家司馬遷記載這件事時便說，劉濞反叛的源頭，由他的兒子死去時已經開始萌芽。你又怎樣看呢？

「假皇帝」王莽
是個前衛的發明家？

西漢末年，王莽是孝平皇后的父親，到漢平帝死後，便藉機奪得皇位，建立新朝。然而，他的帝位只維持了 14 年，很快就被推翻，史書都寫王莽是個「假皇帝」。不過，王莽在任期間，曾經推動了不少有趣的發明呢。

在秦漢的時候，北邊的匈奴時常為患，連年打仗，民不聊生。王莽為了對付匈奴，就向天下招募身懷絕技的人，徵求新奇的打仗方法，一時之間，獻上技術的人源源不絕。有人說能夠不用船隻來渡過河水，只要人馬連接，就把整批軍隊運送過河。有人聲稱服食藥物後，連飯也不用吃，整支軍隊就可以一直打仗。

最令王莽感興趣的，是有人獻上「飛行法」，聲稱把大鳥的羽毛做成翅膀，插在頭和身體上就能夠乘風飛行，可以去偵察匈奴的軍情，如果把一隊士兵都裝上翅膀，更可以成為「空中飛人」攻打匈奴。王莽聽了這個發明後，興趣滿滿，還親自去看獻計人的飛行試驗。現代的我們當然知道，表演一定失敗。不過，王莽可是一個在公元前就出生的人啊！

　　王莽更曾下令進行中國有史以來最早的屍體解剖。那時有個叫王孫慶的人被處死，王莽就命令太醫解剖屍體，仔細研究人體內部的五臟六腑，更用竹籤插進血管，觀察經脈和血管分佈的狀況。雖然有歷史學家認為，王莽曾經剷平敵人墳墓和燒死投靠匈奴的將領，王孫慶曾經有份造反，王莽將他的屍體解剖也可能只是出於私心。姑勿論原因是什麼，不可否認的是，中國文化有着「死後留全屍」的概念，王莽竟然衝破傳統思想的束縛，嘗試解剖的時間更比達文西等人早上了超過 1,000 年！

　　據說王莽更親自發明了一種能夠量度物件的直徑、深度，以及長度、寬度和厚度的青銅卡尺。它的原理和操作方法上均類似現代用於精準測量的游標尺！這把青銅卡尺僅長 13.3 厘米，自 1992 年出土後，現存於江蘇省的揚州博物館。

　　王莽雖然只在位 14 年，但其間推動過很多前衛的科學研發和實驗，用現代人的眼光來看，他就像一個熱愛發明的科學家，不得不說他的眼光看得很遠！

威風八面的凱撒大帝
竟然曾被海盜綁架？

　　凱撒大帝生於羅馬的名門望族，在成為威風八面的君主前，就已經是一個自信滿滿的貴族青年。在他年輕時，有一次經過愛琴海，就被一群海盜捉去，當然最後安然無恙（否則日後做不成大帝）。史書記載凱撒大帝之後口述了俘虜期間與海盜周旋的經歷，他有被海盜毒打嗎？

　　一般人被臭名昭著的海盜捉了以後，都一定會害怕吧。可是凱撒聽到海盜要求 20 塔蘭同（當時的重量單位）白銀的贖金時，反而哈哈大笑地說：「你們似乎真的不知道自己捉了誰吧！」然後更說贖金太少了，要求海盜將贖

金推高至 50 塔蘭同，之後就派隨從出外籌集贖金。海盜當然都聽得呆了，可是既然能賺更多錢，又何樂而不為呢？

凱撒在等待獲救的時候，活得像個大帝（當時還不是大帝），對海盜呼來喚去，想睡覺的時候就會「噓」他們，要他們安靜。凱撒又要海盜聽他吟詩演講，如果海盜不欣賞，他就會罵那群海盜是文盲。有時凱撒還威脅要將海盜釘在十字架上，海盜聽了，也不太在意，覺得這只不過是個狂妄自大的人質在開玩笑。

這個玩笑最後真的變成了事實。38 日後，50 塔蘭同白銀送到海盜手上，海盜也真的按照約定釋放了凱撒。回復了自由身的凱撒，就立即組織了一隊海軍，來到當日被囚禁的島上，俘虜了所有海盜。

於是角色倒轉了，凱撒今次變成了惡人，把海盜全都囚禁起來。當政府還在猶豫要怎樣處理這批海盜的時候，凱撒（還不是大帝）就直接走進監獄，把他們釘死在十字架上，也算是「遵守」了昔日的諾言。

膽識過人的凱撒日後成為羅馬共和國的軍事統帥和獨裁者，征服了高盧（現在的法國），更成為第一個進攻日耳曼（現在的德國）和不列顛（現在的英國）的羅馬人。俗語有云「三歲定八十」，就是指一個人的性格是從兒時決定，長大後也不會有改變。看到凱撒年輕時的氣勢，我們對他後來的戰績，也就不感到意外了。

現在還有人用
武則天造的字嗎？

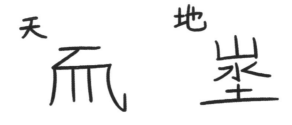

天　　地

　　大家都知道唐朝曾經出了個女皇帝武則天。她在掌權的時候，創造了至少 12 個新的漢字來取代原有的字，例如「日」改成「囗」、「月」改成「囝」、「國」改成「圀」等，她甚至把自己的名字從「武媚」改為「武曌」，暗示自己氣勢大得如日月當空……後世稱這些新字為「則天文字」。過了 1,300 多年後的今天，還有人使用「則天文字」嗎？

　　首先要說說武則天為什麼會創造「則天文字」，這與她成為女皇帝的事有關。武則天本來是皇后，她的丈夫唐高宗經常頭痛頭暈，會讓她間中幫忙處理國務，她便逐漸獨攬大權。後來有佛教僧人還把武則天「包裝」成彌勒佛的化身，說她應該做天下主人，武則天唯有「回應」大家

16

的訴求，登基做皇帝。可是唐朝的皇帝傳男不傳女，而且只傳同姓的男子，武則天既是女子之餘，也不是姓李！

有歷史學者認為，武則天自知自己不是名正言順地成為皇帝，為了鞏固權威，於是便創造新字，看看臣子和人民肯不肯跟隨她使用新字，情況就好比秦朝的趙高指鹿為馬，看看哪些人聽從自己，哪些又跟自己作對。

事實上，雖然「則天文字」的字不是很多，但都是常用字，在武則天稱帝的 15 年間一直傳揚開去，臣子的奏摺和文人寫的書籍都會用上新字，很多人也因此習慣使用，現存當時的石刻、碑帖等，都不難看到「則天文字」。到武則天去世後，餘黨主張這些新字是偉大的創舉，唐中宗便唯有繼續保留，到了逾 100 年後的唐文宗，「則天文字」才正式被廢除。

想不到的是，由於唐朝的國力強大，則天文字也流傳到國外去。有說日本僧人到訪中國後，也把則天文字帶回去。過了約 1,000 年後的江戶時代，據說原名為「德川光國」的藩主（職級類似漢朝的諸侯）認為「國」字裏的「或」字不吉利，於是把名字從「國」改成「圀」，而為他剃度的本國寺也改名為本圀寺。

到了現在，幾乎沒有人使用則天文字了，正如今日我們會寫「月亮」，而不是寫「囝亮」。不過話說現代有些人書寫廣東話字時，會用「囝」代替「仔」，以表示男孩或兒子，至於原有的意思「月」，知道的人也不多了。

伊利沙伯一世
居然滿口黑牙？

　　伊利沙伯一世是英格蘭 16 世紀的女王，她精明能幹，以治國開明而著稱，在任內將英格蘭發展成歐洲最強大和最富有的國家之一，讓國家在軍事、經濟、藝術文化方面都擁有傑出成就。不過，這位明君竟然有個大缺點，就是非常愛吃糖果，甚至吃到滿口黑牙。

　　曾經有一名德國旅行家到訪英格蘭時，獲當時 65 歲的伊利沙伯一世接見。他說，女王的形象十分莊嚴，皮膚很好，眼神發亮，嘴唇薄薄的，但有着「黑黑的牙齒」。

據說伊利沙伯一世平日吃很多糖果，尤其愛吃以紫羅蘭花朵糖漬而成的紫羅蘭糖果。即使吃到牙齒都爛掉了，她也不去好好看牙醫。據說後來女王因為掉了太多牙齒，變得口齒不清，臣子有時也聽不清楚女王在說什麼。

　　不過，人們都愛漂亮，更何況是要注重形象的女王！伊利沙伯一世也不是不知道自己的牙齒不美呀！據女王的臣子憶述，女王曾經禁止把她畫得醜陋的畫作面世，會要求畫師改好為止。現在我們看到的伊利沙伯一世肖像都是漂亮得體的，有着一頭長長的紅髮、白淨的皮膚、櫻桃般的小嘴；更重要的是，她的嘴巴都是閉上的，這既顯得莊嚴之餘，又看不到傳聞的黑牙齒，也不失為聰明的方法！

　　為什麼伊利沙伯一世這麼愛吃糖呢？現在到超級市場看看，砂糖或糖果都是十分便宜的呀。不過在 16 世紀，製作糖果的原料蔗糖需要從其他國家進口，價格十分高昂，所以糖果也不便宜，是可以與珍珠媲美的奢侈品，只有貴族才吃得起糖！能夠吃糖的既然非富則貴，平民根本沒有錢去買糖，所以也許那時蛀牙也算是身分的標誌吧。

　　此外，雖然現在我們學習到每日至少要早晚刷牙，但在伊利沙伯一世的時代，牙膏和牙齒衛生的知識仍未普及。到 17 世紀以後，歐洲才有醫生開始主張應該要每日刷牙，可是女王已經不知道了。

路易十四
為什麼不愛洗澡？

　　有着「太陽王」名號的法國君主路易十四，5 歲登基為王，在位時間長達 72 年，是歐洲歷史上執政時期最長的君主；他在任時帶領了法國進入輝煌時代，他的一舉一動都成為當時歐洲各國君主的典範。路易十四還是法國歷史上最愛漂亮的國王，非常講究時髦，據說他總是穿着高跟鞋、戴着假髮。不過，這個愛美的國王竟然有個壞習慣，就是一生幾乎不洗澡！

　　路易十四到底一生洗過多少次澡，還是眾說紛紜，有說他一生只浸浴過 3 次，有說他只洗過 7 次澡，不過概括地說，就是他一生差不多沒有洗過澡。為什麼他不洗澡？

現代人每天都至少會洗澡一次，難道路易十四不愛洗澡嗎？有人說，那時候的水是珍貴資源，大家應該都會先把水拿來喝，所以都不怎麼洗澡。不過路易十四是君主，他這麼富有，真的拿水來洗澡也不是什麼難事吧，這個理由似乎不成立。

　　有歷史學家就說，路易十四不洗澡的原因，是為了健康。為什麼呢？當時歐洲爆發鼠疫，奪去數千萬人的生命，科學仍未昌明，醫生勸健康的人不要洗澡，因為洗澡會令毛孔張開，細菌和病毒會乘虛而入，破壞身體，令人感染瘟疫。這個「骯髒可以保護身體」的理論風行，所以大家就不敢洗澡了。

　　姑勿論路易十四為什麼不愛洗澡，這時候大家肯定會問的是，當時歐洲人的身體是不是都很臭？

　　至少路易十四不是，因為他會在身上噴灑大量香水來遮掩體臭。不僅路易十四自己，就連他居住的凡爾賽宮都噴滿了香水，宮內碗碟盛滿花瓣，家具沾上香露，散發着濃郁的芳香，據說連花園的噴水池也要添加香氣呢！每逢賓客前來凡爾賽宮，都要先經過一番香水「清潔」，才獲准進入。儘管到頭來還算不上衛生，細菌始終會積聚，但總比要大家各自聞着對方的體臭好吧！

　　至於今日為什麼法國香水特別有名，可能這也是原因之一呢。

「何不食肉糜」
有一個法國版本？

　　在西晉時期，天下發生饑荒，很多百姓餓死，晉惠帝聽到消息後就問臣子：「何不食肉糜？（為什麼大家不去吃肉粥呢？）」事實上，當時全國饑荒，哪裏可以找到肉和粥呢？這反映高高在上的皇帝十分無知，完全不知道民間的苦況。除了中國外，原來法國也有一句：「沒麵包吃，那就叫他們吃蛋糕！（Qu'ils mangent de la brioche!）」

　　傳聞 18 世紀法國經歷大饑荒，當大臣告訴瑪麗安東王后農民沒有食物而餓死時，她就說出：「那就叫他們吃蛋糕！」於是後世都狠狠批評這名王后無知兼「離地」！

不過翻查史料，這句話最初是出自著名法國哲學家盧梭的自傳《懺悔錄》中，書中他憶述曾有位「崇高的公主」聽到農民沒麵包吃後，就回答說：「那就讓他們吃蛋糕吧！」《懺悔錄》寫於 1765 至 1767 年，當時的瑪麗安東王后只有 12 歲，仍然是奧地利公主，還未成為路易十六的太子妃，也不可能認識盧梭。她又怎樣把這句話說給盧梭聽呢？

　　同時，路易十八曾經說過，這句話很大機會是出自路易十四的瑪麗杜麗莎王后，那時瑪麗安東王后還未出生呢！

　　既然沒有證據說明瑪麗安東王后真的說過「那就叫他們吃蛋糕」，這可能是說有人硬把罪名放到王后的身上！為什麼要這樣做呢？

　　漂亮的瑪麗安東王后本來十分受法國人民愛戴，可是她的聲望一直下滑，因為她太愛花錢了，她鍾情華麗的首飾珠寶，擁有無數華服與美鞋。但是路易十六在位期間，王室財政壓力十分巨大，經濟低迷，只顧揮霍享樂的王后自然會惹起公憤。之後，王后的名聲更因一宗與她無關的鑽石項鏈事件而跌至谷底：一名貪婪的貴族夫人假借王后之名，騙取價值連城的珠寶，東窗事發後，法國人卻認為這一切都是王后的詭計。有學者估計，後來反王室分子以「那就叫他們吃蛋糕」等故事來抹黑國王和王后，令民眾更討厭王室，也間接引發後來的法國大革命。最後瑪麗安東王后在 37 歲的時候，被憤怒的群眾送上斷頭台處死。

拿破崙被兔子擊敗了？

　　法國的拿破崙是 19 世紀的「戰神」，一生打過無數勝仗，大敗西班牙、葡萄牙、普魯士、荷蘭等國，他建立的帝國在當時統治了大半個歐洲。即使他在 1815 年滑鐵盧一役飽嘗挫折，也無減他在歷史上的傳奇色彩。雖然說拿破崙在戰場取得多次勝利，讓歐洲各國聞風喪膽，但他在一場「戰役」輸得有點難看，因為一群兔子擊敗了他！

　　這個故事有數個版本，不過大多數版本的時間都是 1807 年夏天，拿破崙當時擊敗了俄羅斯帝國，法蘭西帝國取得了不少好處，於是拿破崙提議舉辦一場獵兔來慶祝。

參謀長貝爾蒂收集了至少數百隻兔子後，便邀請軍方高層出席，貝爾蒂先把兔子關在草地附近，計劃是在拿破崙和部下散步時把兔子從籠子釋放出來，在兔子逃跑期間向牠們開槍獵殺掉。

大家可能會想，這群可憐的兔子一定害怕得縮成一團了。但事實正好相反，拿破崙宣布狩獵開始後，一大群兔子沒有逃走，蜂擁撲向拿破崙和一眾部下，兔子如海浪般襲擊人類，爬上他們的身體。拿破崙等人措手不及，連忙揮動棍棒，車夫們揮動長鞭，希望嚇退這群兔子。

一名將軍在他的回憶錄中描述過當時情景，形容這群「勇敢的兔子」在拿破崙的身旁轉彎，由後方「瘋狂攻擊」，不肯放棄，甚至整群兔子都堵在拿破崙的兩腿之間，直到把他壓垮為止。

兔子的數量太多了，拿破崙也明白寡不敵眾的道理，所以狼狼地逃上馬車，然而兔子沒有停止進攻。牠們分成兩批湧向馬車，有些兔子更跳上馬車，繼續搏鬥。最終，馬車成功離開，拿破崙一行人才算是安全了。

拿破崙輸得這麼慘，除了是他自己輕視兔子外，多少也是負責安排獵兔的參謀長貝爾蒂犯錯了。據說當時貝爾蒂沒有安排部下捕捉野兔，而是向農民購買家兔。由於家兔不害怕人類，所以看到拿破崙等人，於是便餓着肚子撲向拿破崙，打算將這名皇帝吞到肚子裏。拿破崙勝過無數次戰爭，恐怕也想不到，自己幾乎成為兔子的食物吧！

維多利亞女王為什麼
被稱為「歐洲祖母」？

　　維多利亞一世是英國有名的女王，從她 1837 年登上王位後，帶領政府立憲，改善選舉制度，令大英帝國得以壯大，不斷向外擴張，殖民地遍及全世界。女王本人不僅是位非凡的君主，她的兒女也不甘示弱，他們分別與歐洲不同王室成員結婚，開枝散葉後，很多歐洲王室都與女王有血緣關係，女王也因此獲得「歐洲祖母」的名號。

　　首先要數一數維多利亞女王的「偉績」，她有 9 個孩子，其中有 4 個兒子、5 個女兒。他們長大後與歐洲不同王室聯婚，一共為女王生下 42 個孫兒，當中包括：德意志帝國皇帝、挪威王后、俄羅斯帝國皇后、羅馬尼亞王后、西班牙王后等，真的是子孫滿天下呀！

有人說，第一次世界大戰就像是一場維多利亞女王後裔之間的戰爭。孫子威廉二世是德意志帝國的皇帝，當時德意志是個弱國，他看着表弟喬治五世統治的英國和其他歐洲強國，也希望自己變得強大，於是擴張軍力。其他國家不想看到這個情形，便開始與德意志爭相建造軍艦。

威廉二世更嘗試拉攏表妹夫、俄羅斯帝國的沙皇尼古拉二世一起結盟。在 1895 年甲午戰爭後，兩人曾經和法國聯手介入，強迫日本把遼東半島交還給中國清朝政府。不過尼古拉二世之後就改與英國站在同一陣營（順帶一提，喬治五世與尼古拉二世也是表兄弟，他們的母親是姊妹，是丹麥國王的女兒），各國的衝突愈演愈烈，最終引發了世界大戰。

維多利亞女王的另一名孫女、羅馬尼亞的瑪麗王后，也經歷了大戰。當時羅馬尼亞國王一家人逃難後，王后與三名女兒一起在軍事醫院當護士，照顧受傷的士兵。戰爭過後，瑪麗王后也親身參加了巴黎和會，深受人民愛戴。

維多利亞女王真的不愧是「歐洲祖母」啊！女王和多個歐洲王室之間的密切關係，以及在任時期將大英帝國版圖不斷擴張，令她有着母儀天下的形象和龐大的全球影響力，世界各地不少地方都以女王的名字命名。香港曾經作為英國殖民地超過一個世紀，也經歷過女王執政的年代，因此香港有不少街道及建築的名字都與她相關，例如維多利亞港、維多利亞公園、域多利監獄、皇后像廣場、皇后大道、租庇利街（慶祝女王登基 50 周年）等。

慈禧太后
是第一代模特兒？

　　清朝光緒年間，慈禧太后垂簾聽政，權力比皇帝還要大。在權威的形象之下，慈禧太后也是一個愛美的女士，她晚年愛上了拍照，讓人記錄她漂亮的臉蛋。用現在的話來說，慈禧太后也算是中國第一代模特兒了。

　　話說那時西方的油畫和攝影技術傳入大清，慈禧太后喜歡畫肖像，甚至重金聘請外國畫師入宮，不過當洋人拿着照相機要給慈禧拍照時，她就拒絕了。因為她認為攝影術會冒犯龍顏，那個「小黑匣子」會攝走人的靈魂。過了不久，俄羅斯沙皇及王后剛好也拍了全家福，於是派人送

給慈禧太后和光緒皇帝。慈禧看過照片後，心生羨慕，也驚覺相片也遠較繪畫真實，便開始對拍照產生興趣。

　　據聞慈禧隨即召了從法國歸來的御用攝影師勛齡入宮，又下令要求下人在頤和園寢宮前搭棚，擺放豪華的擺設和屏風，作為拍照的布景，確保一切都瑰麗堂皇。慈禧十分重視每次拍照，會事先選定良辰吉日。在拍照當天，慈禧就會穿着美麗的服裝，然後讓勛齡為自己拍攝了數十幅不同場面、背景和姿勢的照片。拍照之後，慈禧就會急不及待要將作品逐張放大，並臨時沖曬幾幅照片，看看把她拍得美不美。有得意之作的，就會放大沖曬後交給內務府下的如意館（宮廷畫坊）上色，成為「彩色照片」。

　　最值得一提的照片，就是慈禧太后在七旬大壽前在西苑水域拍下的，這可能是中國人的第一張外景角色扮演（Cosplay）照片！當日慈禧等人在荷花池中坐着平底船，慈禧打扮成觀音的模樣坐在寶座上，大太監李蓮英扮成觀音身旁的護法神，公主則扮成龍女，一旁的太監身着戲服拿着竹竿扮演船夫，人物、戲服、道具都準備好，「咔嚓」一聲，一張西方極樂世界的觀音照就此誕生。

　　在清朝王室中，唯一同時擁有油畫肖像和相片的人，也是愛美的慈禧太后。1903 年，美國駐華公使康格的夫人推薦了女畫家卡爾入宮，卡爾花了 9 個月的時間為慈禧畫肖像畫。後來清廷也將慈禧的肖像畫送到美國聖路易博覽會展出，讓海外都能看到她的尊容，為她留下倩影。

溥儀第一通電話打了給誰？

　　清朝剛好是現代西方技術漸漸傳入中國的時代，除了慈禧太后熱愛拍照外，末代皇帝溥儀更是有一名來自蘇格蘭的私人老師莊士敦。溥儀從莊士敦身上學到很多新奇的知識，例如踏單車、戴眼鏡、撥打電話等。

　　溥儀兩歲就登基成為皇帝，不久後就被孫中山和袁世凱威迫退位，退位後的溥儀仍然被困在紫禁城中，過着苦悶的生活。直至 1919 年，莊士敦成為溥儀的老師，教授溥儀英文、數學、世界史等，溥儀也因此眼界大開。

　　學習到電話的功用後，溥儀也鬧着要在紫禁城中安裝一部電話，即使遭到一群老臣子反對，溥儀還是說服了父

親載灃，最後北京電話局在紫禁城養心殿為溥儀安裝了電話，還附送一本電話簿。當時只要是安裝了電話的人，姓名、號碼和地址都會被收錄在電話簿上。

溥儀在自傳《我的前半生》中，就提及他最初使用這部電話的情形。那時溥儀有了電話，翻查電話簿後，便打電話給京劇演員楊小樓，模仿他的念白唱腔嘲笑他，在楊小樓沒來得及回應之前，就掛上電話了！這徹頭徹尾是小孩子的惡作劇呀！

戲弄完楊小樓還不夠，溥儀就給東興樓打電話，冒充其他人訂了一桌昂貴的酒席，讓飯店送外賣去，玩得不亦樂乎。

後來溥儀翻查到提倡白話文的著名學者胡適的電話號碼，這次他竟然認真起來，打電話邀請了胡適到紫禁城作客。胡適在日記中記錄了這件事，形容溥儀樣子清秀，雖然只有 17 歲，但近視比胡適還要厲害。溥儀說自己也贊成白話文，還稱讚了胡適寫的《嘗試集》。溥儀也對胡適說，他想獨立生活，但被老一輩反對，因為以當時的局勢，他一旦獨立，這批老人也就沒有依靠了。兩人的會面雖然短暫，但胡適十分欣賞溥儀，回去後還寫了一首詩，當中提到：「百尺的宮牆、千年的禮數，鎖不住一個少年的心！」

雖然溥儀曾經用電話做了一些淘氣的惡作劇（小朋友不要模仿呀），但在大學者眼中，溥儀一直困在宮中，無法得知外在的世界，只是一個寂寞的少年。

日本天皇姓什麼？

中國有過許多朝代，從秦朝開始，各個王朝就如同走馬燈般一直變換。通常每換一個朝代，皇帝的整個家族都會被取代，例如隋代是楊氏家族的天下，到了唐代便是姓李的。

至於日本，自初代天皇神武天皇在公元前 660 年登基，皇位一直都是由同一個家族繼承，現任的德仁天皇已經是第 126 代天皇。日本皇室是世界最古老的皇室，好不威風！那麼，日本的皇帝姓什麼呢？

日本天皇和皇室成員都是沒有姓氏！

另外，根據日本傳統，女性出嫁後，會將自己原來的姓氏改成丈夫的姓氏。因此，普通女性嫁給皇室的男性成員後，就會失去了原來姓氏，例如現任皇后嫁給德仁天皇前，全名是小和田雅子，她成為皇后後，全名就是雅子。

　　為什麼日本天皇沒有姓氏？原來在日本神話裏，日本天皇與整個皇室都是神的後裔。根據神話，天照大神把3件神器賜給孫子瓊瓊杵尊，讓他下凡統治日本。多年後，瓊瓊杵尊的後代神武天皇建立了日本國，成為初代天皇。因此，天皇家族是天照大神的子孫，天皇是大神在人間的代表和化身。作為超乎凡人的人間活神，日本天皇地位崇高，是神聖不可侵犯的，所以也沒有姓氏。

　　不過，日本在第二次世界大戰輸掉後，天皇就走下了神壇。在 1945 年 8 月 15 日，昭和天皇通過廣播發表《終戰詔書》，宣布無條件投降。這也是日本國民第一次聽到天皇的聲音。到了 1946 年 1 月 1 日，昭和天皇再發表《人間宣言》，宣布天皇與一般平民一樣，只是凡人。日本政府其後更安排昭和天皇穿着普通西裝「走入民間」，讓日本人看看，過去他們嘴巴裏的「神」，究竟是什麼樣子。

　　有趣的是，在古代日本，平民也是只有名沒有姓。到 1875 年，明治天皇頒布《平民苗字必稱義務令》，才規定所有日本人都必須使用姓氏。不過當時日本平民對姓氏也沒什麼概念，所以他們大多以地名、職業、居住地、動植物、數目字等相關事物來取姓氏，例如「犬養」是養狗的人、姓「大橋」的可能是住在橋邊，聽起來十分有趣！

名人的餐桌

為什麼伍子胥
叫部下吃磚頭？

　　春秋戰國時期，越王勾踐臥薪嘗膽，後來復仇滅掉吳國，相信大家都耳熟能詳。其實那時吳王夫差身邊有個老臣子不斷提醒他，說勾踐這個人很危險，吳王如果不滅掉越國，吳國就會滅亡。不過夫差沒有聽話，反而聽從另一個臣子伯嚭的建議，將老臣子賜死。這個老臣子就是伍子胥。相傳伍子胥死前對部下說了兩件事，第一是把他的眼睛挖下來，掛在城門上，好讓他親眼看着越國軍隊攻入吳國；第二件事是日後缺糧的時候，就到城牆挖地下的磚頭來吃！難道他是死得不甘心，要部下也沒有好日子過嗎？

　　話說伍子胥死前吩咐親信，日後吳國一旦有難，民眾

沒有糧食時，就到城牆挖地三尺，便可以獲得食糧。那時親信聽了以後，雖然記在心中，但因為戰爭還未發生，也可能大家聽不太懂，所以也沒去挖地。

之後，吳王夫差獲魯國、晉國邀請，到現今河南一帶參加黃池會盟。夫差大為歡喜，心想是個絕好的機會去展示自己的國力，於是調動全國大部分精銳士兵，浩浩蕩蕩地朝黃池出發去。吳國首都姑蘇城，也即是現在的蘇州，就只餘下老弱殘兵。

後來正如伍子胥預言，勾踐打聽到消息後，便浩浩蕩蕩地帶領大批越軍，偷襲吳國。越軍勢如破竹，圍困姑蘇城，都城內的糧食一天一天地被吃光，軍民也紛紛餓死。這時候，有人想起伍子胥的囑咐，便急忙到城門下挖地三尺，居然挖到一塊塊白色的可食用磚頭！

原來這是伍子胥生前設下的積穀防饑之計。伍子胥早就想到驕奢的吳王遲早會使國家敗亡，於是他在督導建設都城的時候，便購買大量糯米磨粉，蒸熟後便壓成一塊塊砌牆的「糯米城磚」，埋在城門下，以防不測。到了越軍來襲的時候，這些糯米磚就令吳國的民眾有了食物，得以填飽肚子保命。

雖然吳國最終還是亡國，獲推譽為忠臣的伍子胥也一去不返，但從此以後，每逢過年，當地的家家戶戶都會蒸製像城磚一樣的糯米糕，來懷念伍子胥，也漸漸成為傳統習俗。

曹操為什麼要殺掉
才智過人的楊修？

曹操是三國時代的風雲人物，他自任丞相，統領魏國南征北討。曹操身邊有眾多才士和將領，但他出了名猜忌心重，時常擔心有人害他，甚至把聰明的下屬殺掉。

這個下屬名為楊修，是曹操的主簿（職責類似現代的秘書）。他思想敏捷，經常為曹操獻謀，也常常想到別人想不到的事。

有次工匠建好一道門後，曹操前來查看，叫人在門上寫上「活」字。大家都猜不透曹操的心意，唯獨楊修很快就命人把門拆掉。楊修解釋：「門」加上「活」字，代表曹操認為門建得太闊。這次也讓楊修的才華顯露於人前。

有次，有人向曹操送來一盒酥餅，曹操吃過少許後，便在盒子寫上「一合酥」。其他人絞盡腦汁也看不懂，又誠惶誠恐地擔心猜錯主子的意思，於是也就不敢做什麼了。直到楊修過來一看，便直接把酥餅咬了一口。原來，曹操正是想大家「一人一口酥」。

　　不過，對於曹操這種疑心很重的人，楊修的才思多次顯露出來，也逐步為他帶來殺身之禍了。

　　話說曹操佔據漢中後就進攻蜀國，卻數次敗北，於是曹操既無法領兵前進，但又不好意思從漢中退兵。一天晚上夏侯惇請示曹操軍令，曹操只說出「雞肋」兩個字，令夏侯惇大惑不解。楊修知道後，便叫隨行軍士收拾行裝準備回家了，他解謎說：「雞肋這種東西，吃起來沒什麼肉，要是丟棄它，又很可惜，看來丞相不想繼續作戰，是決心要從漢中退兵了。」後來曹操確實如楊修所說撤軍。

　　《三國演義》中提到曹操當晚走出營帳時，發現士兵都在收拾行李後勃然大怒，就以亂軍之罪處死楊修。不過據考證，楊修在撤軍時還沒被處死，還多活了幾個月。

　　曹操曾多次出題測試兒子曹丕和曹植的才能，曹操發覺曹植答得又快又好，後來得知背後是楊修所教後，甚為生氣。之後有次楊修與曹植一起喝醉了，闖入只有皇帝才能進出的司馬門，還出口大罵曹操的四子曹彰。曹操於是借這個機會，指楊修幫曹植「作弊」，又私下勾結其他敵軍，所以把楊修處死。有趣的是，楊修似乎早已料到會被曹操殺掉，他死前還說：「我想我算死得遲了。」

愛吃荔枝，
竟會變成千古罪人？

　　唐朝楊貴妃是中國四大美人之一，是唐玄宗的愛妃。楊貴妃最愛吃南方盛產的荔枝，不過首都長安卻在北方，不適合荔枝生長。荔枝容易變壞，唐玄宗便開闢了一條專門運送荔枝的道路，當美人想吃荔枝時，派人快馬加急，帶荔枝從南方帶到宮中進獻給貴妃，可見楊貴妃當時真是「萬千寵愛在一身」！她也因為愛吃荔枝，而成為後世的千古罪人！

　　大詩人白居易在《荔枝圖序》解釋過荔枝的特性，「若離本枝，一日而色變，二日而香變，三日而味變，四五日外，色香味盡去矣。」意思是說，荔枝一旦從樹枝

上摘下來，一日後就開始變色，兩日後香氣變質，三日後就連味道也不一樣了，到第四、五日，荔枝的色、香、味，全都沒有了。據《新唐書》記載，楊貴妃只吃新鮮荔枝，當時古人沒有火車、飛機，也真的只能派人快馬加鞭跑數千里運送，才能滿足這名皇帝的寵妃。

不過，唐玄宗任內出現了安史之亂，死傷無數，百姓流離失所，大唐的國勢也自此走下坡。於是後來很多詩人都借題發揮，用楊貴妃愛食荔枝的故事，諷刺唐玄宗只顧玩樂，荒廢政事，才導致安史之亂。

例如晚唐詩人杜牧寫過《過華清宮絕句三首》：「長安回望繡成堆，山頂千門次第開。一騎紅塵妃子笑，無人知是荔枝來。」意思是回望當日楊貴妃住過的華清宮，門一扇接一扇地打開。一匹快馬風馳電掣般衝過千道門，揚起一團團塵土。宮門之內，妃子歡心一笑。大家以為有什麼大事發生了，沒有人知道這原來是南方送來貴妃要的荔枝。「騎」字在這裏解作「馬或乘馬的人」，讀「冀」。順帶一提，「妃子笑」也因此成為荔枝品種的名稱。

宋朝李清照也在《浯溪中興頌詩和張文潛》說：「何為出戰輒披靡，傳置荔枝多馬死。」意思是問為什麼安史之亂期間，大唐兵馬一出戰就已經疲憊不堪，原因正正是和平時候的馬匹都因遞送荔枝而累光光。當然這不一定是史實，只是李清照想諷刺，皇帝為了討好貴妃，浪費用來打仗的兵馬，未有居安思危，是禍國的源頭。

達文西在《最後的晚餐》畫了自己最愛吃的烤魚？

　　根據《聖經》，耶穌在被捕之前，與十二門徒一起吃了晚餐。這是人類歷史上最著名的一頓飯，後世不少畫家包括達文西都以此作為題材，描繪了當時的情景。有趣的是，其實當晚他們吃了什麼，至今仍然是個不解之謎，因而給藝術家留下了廣闊的創作空間。歷史學者推測，達文西把自己喜愛的菜式繪在畫布上，送給耶穌和門徒吃！

　　達文西是意大利文藝復興時期的代表人物之一，以《蒙羅麗莎》、《最後的晚餐》等聞名於世。他在約 1495 至 1498 年間在米蘭天主教恩寵聖母的多明我會修道院飯堂內的一面牆壁繪製了《最後的晚餐》。這幅畫描繪了耶穌與眾門徒分食最後一頓飯時，宣布了自己將要被人出賣，

門徒大為詫異的一刹那。達文西將這戲劇性的一幕繪畫出來，刻劃出每個門徒在那個瞬間露出的複雜表情。

「耶穌在世上的最後一餐，會跟門徒一起吃什麼呢？」藝術學者檢查後，發現在達文西繪畫的餐桌上，放着 20 多個餐盤和 10 多個酒杯，還有一些麵包和水果，主菜則不是逾越節要吃的烤羊，而是點綴着橙片的烤鰻魚。有歷史學家表示，在猶太人飲食規定中，鰻魚沒有鰭又沒有鱗，屬於「不潔」、禁止食用的食物，而且那時耶路撒冷一帶也沒有栽種香橙。不過，鰻魚是文藝復興時期非常受歡迎的食材，而香橙烤鰻魚更是達文西最愛吃的菜式。

話說回來，這幅《最後的晚餐》也是用食物繪畫出來，那就是雞蛋了！由於達文西的工作節奏十分緩慢，因此做了一個新嘗試，將蛋黃、蛋清等混入顏料之中。這種混合顏料特性是快乾，作畫時只需要上薄薄的一層，這個名為「蛋彩畫」的繪畫技術讓達文西可以慢慢地繪畫。豈料，這種顏料不耐潮濕環境，《最後的晚餐》的塗層很快就開始剝落，人物輪廓變得模糊。

禍不單行的是，這幅名畫不僅先天不足，更多次遭逢人禍。在 1652 年，修道院在牆上開鑿了一個門口，將畫中耶穌的雙腳截走了。在第二次世界大戰期間，米蘭遭到轟炸，幸好人民以沙包、木板等包圍了整面牆，防止了畫作被炸彈碎片擊中。為了保護珍貴的畫作，戰後藝術家開始用科學儀器輔助清洗並修補畫作，修復時間長達 20 多年，這幅不朽之作最終在 1999 年再次重現人們眼前。你也想去米蘭，一睹這經典的畫作嗎？

達爾文吃掉了
他發現的每一種動物？

　　人們自古以來，就一直好奇，人類是怎麼誕生的。在中世紀歐洲，普遍社會都相信人類是亞當和夏娃的後代。直到達爾文提出「進化論」後，指人類都是由動物進化而成，才改變了人們的想法。不過，這名科學家除了熱中於把動物擺上實驗桌，還喜歡把牠們放到自己的餐桌上！

　　達爾文年少時就已經流露出對自然界的興趣，他喜歡打獵、養狗、採集鳥蛋和做實驗。不過達爾文有個望子成龍的父親，安排他到愛丁堡大學學醫，但他不想當醫生，於是父親又把他送到劍橋大學讀神學，讓他以後在教會當牧師。

達爾文曾經說在劍橋大學的 3 年是他最快樂的時光，不過那應該不是因為他喜歡神學（他時常翹課），而是他多了一個收集甲蟲的愛好，還主持了一個「野味貪吃俱樂部」。俱樂部每星期都會搜羅古怪的野生動物，然後品嘗滋味，他們吃過鷹、吃過一種名為「麻鷺」的夜行鳥類。不過，有次他們吃過一隻又黃又老又多筋的鳥類後，就決定不再獵奇，後來達爾文說了那鳥肉的味道是「無法形容」。

　　不過，達爾文自己對吃野味和研究動物的興趣並沒有減少，他離開劍橋後跟着「小獵犬號」出海前往南半球探險，讓美食之旅可以繼續進行。他在航行期間除了研究他沒看過的動物外，還把牠們吃了。犰狳、鬣蜥等都曾經被達爾文品嘗過，他形容犰狳的味道像鴨子。達爾文還吃過一隻重達 20 磅的啡色囓齒類動物，說「這是我吃過最好吃的肉。」

　　達爾文曾經希望尋找小美洲鴕來研究物種問題，可惜始終找不到，後來他到了阿根廷，吃着一隻體形細小的鴕鳥，吃到一半，他才發現這是他一直想尋找的小美洲鴕，這才急忙把吃剩的部位拿到實驗室去！

　　加拉巴哥象龜是科隆群島當地的特有動物品種。當年達爾文到訪島上後，看着巨型龜漫步，他記錄了牠們的動作、步速、體形等，然後吃了牠們。在那兩天，達爾文幾乎只靠象龜肉為生，吃過烤象龜肉、喝過燉象龜湯。這些美味的象龜也啟發了達爾文想到「進化論」的靈感。

孫中山最愛吃什麼？

　　你喜歡吃豆腐嗎？它不時會出現我們的餐桌上，例如蒸豆腐、紅燒豆腐，或是配搭其他食材的煎釀豆腐、老少平安、海鮮豆腐羹等。這種便宜又好吃的食物，原來也是國父孫中山最愛的食物之一呢！

　　孫中山年幼時家境貧困，加上當時白米是奢侈品，慶幸孫中山的父親擅長造豆腐，甚至曾經靠賣豆腐為生，所以孫中山不時可以用豆腐充充肚子。每逢過時過節，孫中山家裏會做鹹魚豆腐煲，豆腐彷彿離不開孫中山的餐單。

孫中山在香港西醫書院（香港大學的前身）讀醫科，畢業後也有當醫生，他還結合了中西醫學，加上廣東人對「煲湯」的見解，發明了「四物豆腐湯」。這個湯用豆芽、金針菇、黑木耳、豆腐一起煮成，由於蔬菜豐富，有充足的膳食纖維，對腸胃有益之餘，更可為身體補充維他命 c，甚至改善「三高（高血壓、高血糖及高血脂）」。據說孫中山行醫的時候，會經常把這個湯推薦給病人。

　　孫中山還經常吃「豬血豆腐湯」。孫中山認為不少人不愛吃動物內臟，是因為他們不知道豬血營養豐富，藏有不少鐵質，對身體有益，才錯過這種食材。把「紅豆腐」配上「白豆腐」，煮成豬血豆腐湯享用，孫中山曾說，這個湯是補身的上品。

　　孫中山也曾經到過海外很多地方，例如日本、英國、夏威夷等，就算他人在外國，也難忘家鄉的豆腐滋味。在1909 年，他參觀了巴黎一家由中國人開設的豆腐工廠，老闆以各種豆製品熱情款待他。孫中山看到後，非常高興，還對老闆說：「你的豆腐比法國的芝士美味得多啊！」

　　推翻滿清創建民國的孫中山，甚至在勾畫中國發展藍圖的《建國方略》中推崇提倡吃豆腐：「中國素食者必食豆腐，夫豆腐者，實植物中之肉料也。此物有肉料之功，而無肉料之毒。」他認為豆腐就是植物中的肉，認為豆腐擁有等同肉類的營養價值，卻又沒有肉類的毒素。這可以稱為「吃豆腐，救中國」了！

魯迅超愛吃甜品？

　　魯迅是中國近代著名的作家，他提倡廢除艱深的文言文，改用白話文寫作。他筆下有不少經典作品，例如《狂人日記》、《吶喊》、《阿 Q 正傳》等。他除了是個文筆鋒利的大文豪外，私下還是個很「嘴刁」的美食家。從他的文字中，也不時找到美食，特別是甜品的蛛絲馬迹。

　　魯迅於《馬上日記》寫到，有朋友從河南送來一包方糖，魯迅吃了大半包，還形容是「好東西」。後來他的女朋友告訴他，這是河南名產，可以治嘴上的瘡，叫魯迅把糖收起來，留待生瘡的時候再用。睡到半夜，魯迅忍不住起牀，把糖全部吃光光。他寫到：「因為我忽而又以為，

嘴上生瘡的時候究竟不很多，還不如趁新鮮吃一點，不料這一吃，就又吃了大半。」文人貪吃，還是可以創作到漂亮的理由。

魯迅十分喜愛來自外國的甜品。他早期在南京讀書時，就時常特地跑到一家糖果店，買進口的「摩爾登糖」來吃。摩爾登糖其實是法式點心糖漬栗子，每顆栗子渾身裹滿了糖漿和冧酒，邪惡程度可想而知！在教育部上班時，魯迅總是在發薪日去法國麵包店買兩個奶油蛋糕。

不過魯迅也不是十分願意把甜品分給別人的。有一次，魯迅正在吃沙琪瑪，兒子看到後也想吃，魯迅卻拍拍他的頭說：「我只有這一塊，你吃了我就沒得吃了。」然後就把沙琪瑪吃了。在沙琪瑪面前，連親兒子也要退讓！

魯迅除了是美食家外，也喜歡借食物來諷刺社會。在《今春的兩種感想》一文中，魯迅說到日軍攻擊上海後，過了一年中國人都好像忘記了這件事，繼續吃喝玩樂，於是他寫到：「許多歷史的教訓，都是用極大的犧牲換來的。譬如吃東西罷，某種是毒物不能吃，我們好像全慣了，很平常了。不過，這一定是以前有多少人吃死了，才知道的。所以我想，第一次吃螃蟹的人是很可佩服的，不是勇士誰敢去吃牠呢？」

希特拉竟是素食者？

　　說到素食，可能不少人都會聯想到保護動物、減少殺生、和平的畫面。然而發動第二次世界大戰、攻陷歐洲多國、殺害無數猶太人的希特拉，竟然也是個素食者！這可能與外界的想法大相逕庭！

　　據不少紀錄指出，希特拉其實早年仍然會吃肉，但自從 1937 年左右起，一些傳媒紛紛改口說「希特拉其實是食素的」，美國《紐約時報》曾經刊登一篇文章，說希特拉的餐單很多時候都只有蔬菜、湯、蛋和礦泉水，不過他間中也會吃一片火腿，或者在清淡的食物中加入一點魚子

醬（每人對素食有着不同的定義）。由於這些資訊是來自傳媒，所以許多歷史學家認為，「希特拉食素」並不是事實，只是希特拉想塑造一個樸素自律的公眾形象而已。

不過，數名法國科學家在 2017 年獲得授權化驗希特拉的骨骼，發現他的牙齒上真的沒有肉類纖維，證實希特拉至少生前有一段長時間沒有吃過肉⋯⋯歷史學家可能要再次考證希特拉的餐單了！

我們先聽聽希特拉的試食員說了什麼。由於希特拉不時擔心被人在食物中下毒，於是聘請試食員，其中一名試食員韋爾克就透露從沒見過希特拉吃肉。韋爾克說，她在擔任試食員約兩年半期間，看見希特拉只會吃最合時令的新鮮蔬果，例如蘆筍、燈籠椒等，再加一些米飯或麵條充飢，以及每周會吃一次雜菜鍋。

我們再看看希特拉的廚師會為他做什麼菜。他的廚師凱能貝格回憶到，希特拉喜歡吃甜食，餐桌上總是有着糕點和餅乾，他尤其喜歡吃巧克力，有時會在開會的途中吃一顆糖果。這樣看來，餐桌上也沒有肉的蹤影。

另一名廚師曼齊亞爾利則透露了希特拉最後的午餐。她在寫給家人的信中，說到 1945 年 4 月 30 日，希特拉與兩位秘書和她一起吃了她做的番茄醬意粉，她還為希特拉準備了煎蛋配薯蓉作晚餐 —— 不過這個第二次世界大戰的頭號戰犯，在當日下午就死了。

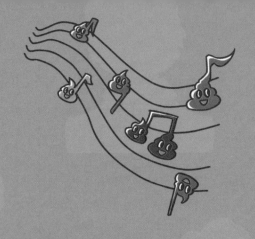

名人嗜好
各不同

東漢有個大才子，
最喜歡聽驢叫？

建安文學是中國文學史的重要一部分，主要是指東漢建安年間撰寫的文學作品，當時的作品大多風格獨特，表現出那時文人的清高骨氣，其中最有名的七名文學家合稱為「建安七子」。建安七子中有位詩人叫作王粲，他在詩、賦等作品類型都有很高的成就，但他有個癖好，就是喜歡聽驢叫！

這個嗜好在現今看來可能很奇怪，不過那時的人認為驢的鳴叫聲非常悅耳動聽，就像天籟一樣。文人雅士，甚至帝王將相，除了喜歡聽驢叫，也喜歡模仿驢叫，形成一股風尚。

建安七子身處的是曹操及曹丕的時代，當時瘟疫橫行，年年戰火連天，民生聊生。王粲博學多才，也很關心戰亂下的受苦百姓，就曾寫下詩句：「出門無所見，白骨蔽平原。路有飢婦人，抱子棄草間。」大意是：出門後只看到一堆白骨多得掩蓋平原，路上有餓着肚子的婦人把子女抱到草地中拋棄。短短幾句，就寫出當時的百姓苦況。

　　王粲才華橫溢，卻因長相醜陋而不受重用，一直鬱鬱不得志；之後，王粲成為曹操陣營的一員。在那裏，王粲不但受到賞識，而且他還與丞相子曹丕建立了深厚的友誼。當時曹丕就經常與建安七子一同出遊，一起寫詩作賦，成為一時佳話。王粲詼諧幽默，高興的時候就會扮驢叫，維肖維妙的，其他人聽了以後，常忍不住捧腹大笑，曹丕也很喜歡他。

　　在王粲約 40 歲的時候，隨軍隊出外討伐吳國，可惜在回國途中就染病死亡。當大家到王粲的墓前哀悼時，曹丕就說王粲平日喜歡聽驢叫，提議大家都扮一次驢叫，送他入土為安。曹丕帶頭學了一聲驢叫後，眾人也都在跟着叫起來，驢鳴此起彼伏，大聲得傳至數里之外。

　　曹丕是曹操的第三個兒子，在當時已是魏王世子，準備成為魏國的接班人。不過，曹丕對着自己的幕僚也像是朋友一樣，沒有高高在上，反而用誠懇的態度送他一程，可以看到兩人之間的深厚感情。

狂妄的竹林七賢之一，
在家都不穿衣服？

　　除了「建安七子」外，曹魏時期的「竹林七賢」也很有名。不過，建安七子出名的是文學才華，竹林七賢有名的，就是他們的荒誕行徑。竹林七賢各有狂妄之處，其中劉伶更是表表者！

　　其實劉伶也曾經當官，擔任將軍的幕僚。他追求自由逍遙，會向主子大談無為而治，但可能因為這個想法不符合主子心意，所以最後被罷官職。劉伶被罷官後，就終日四處遊蕩，整天喝酒。劉伶會駕着鹿車，手裏抱着一壺酒，還吩咐僕人帶着掘土的鋤頭跟着他，說「一旦我醉死了，便就地把我埋在土裏吧。」

劉伶的酒癮極大，每次都要喝上一大埕，才能盡興。後來認識了阮籍、嵇康等人，更像遇到知己一樣，老是一起聚在竹林飲酒作樂。每次朋友遇到劉伶，他總是醉醺醺的。

　　劉伶每天都喝得酩酊大醉，妻子曾經勸他戒酒。不過劉伶想了想，便編了個藉口，說單單靠他自己是戒不了酒，要請神明來幫助自己，於是叫妻子帶備酒肉敬神。最後劉伶一面說着：「酒是我的本命，每次要喝一斛，五斗能解酒病」，一面把帶來的酒肉吃光光了。

　　劉伶最為人熟知的荒唐事，就是不穿衣服、光着身子在家中喝酒，知道客人來訪時，也不好好穿上衣服。客人們見到赤身裸體，自然大為不悅，但劉伶振振有詞地反問：「我以天地為棟宇，屋室為褌衣。諸君何為入我褌中？」意思是：「天地是我的家，房間就是我的內褲，你們這麼多人，鑽進我的內褲裏做什麼呢？」

　　為什麼劉伶的行為這麼荒誕呢？有人認為，古代人重視孔子的主張，也即是「儒家」，認為每個人都應該遵守禮儀。不過劉伶崇尚的是「道家」，是另一個派別的思想，他們主張人應該遵從自己的本性，要與大自然為一體，不應該被禮儀等規矩限制我們的本性，令自己不開心。

　　也有人說，當時政局動盪，文人無法為官發揮才華，特別是愛好道家思想的竹林七賢，所以他們決定「躺平」，用荒誕的行為來排解內心的苦悶。

王羲之愛鵝成癡？

　　王羲之是東晉時期的著名書法家，他最有名的是《蘭亭集序》，因為筆法獨具風韻，獲譽為「天下第一行書」。《蘭亭集序》談到王羲之和名士共 42 人於蘭亭聚會，一起飲酒賦詩，他想到大家相遇是種福氣，但人終有一日會死去，於是感歎人生苦短。王羲之除了喜歡和朋友相聚外，也愛與鵝為伴，是一個著名的鵝癡。

　　要留意的是，王羲之喜歡的，不是燒鵝等美食，而是活生生的鵝！

　　王羲之愛鵝的故事，《晉書》也有記載兩則小故事。

王羲之聽說有個老太太養了一隻叫聲悅耳的奇鵝，就派人去買回來，但沒成功。他便唯有邀請朋友去賞鵝。誰知老婦聽說王羲之要來，就把鵝殺掉煮成菜，以此款待王羲之。當老太太從廚房端出鵝的一刻，王羲之十分難過，之後還嘆息了好幾天。

　　王羲之後來又聽聞有個道士養了一群好鵝，就興沖沖地跑去欣賞，這次他如願以償，看到了逗人喜愛的鵝群，便請道士把鵝賣給他。道士沒有拒絕王羲之，不過他不要錢，而是要王羲之給他抄寫一部《黃庭經》。王羲之毫不猶豫，很快就寫好，最後成功擁鵝而歸。這個故事，後來演變成為一個成語「黃庭換鵝」，比喻以絕技換取心愛的物品。

　　後代書法家認為，鵝的體態、行走、游泳等姿勢也啟發了王羲之的書法，尤其在執筆、運筆方面。北宋的陳師道指出，王羲之在寫字時會模仿鵝的手腕和頸部的動態，所以總是凌空寫字，讓手部有更多活動空間，寫出來的字就更瀟灑飄逸。清代的包世臣便說，執筆時食指要像鵝頭般微微昂高，運筆時手指要動起來，就像鵝掌撥水，這樣就寫出好書法了。

　　因為王羲之的書法實在太漂亮了，而他的書法又與鵝離不開關係，所以後世的水墨畫家在繪畫王羲之的時候，往往都會加上鵝，例如南宋一幅《王羲之玩鵝圖》中，王羲之就坐在松樹的旁邊，拿着紙扇欣賞白鵝戲水。當大家看到鵝，也就可以認出旁邊的王羲之了。

米高安哲羅
會穿鞋子睡覺？

　　米高安哲羅是歐洲文藝復興時期有名的藝術家，與達文西和拉斐爾並稱「文藝復興藝術三傑」，雕塑、繪畫、寫詩等都難不倒他。據說米高安哲羅熱愛工作，專注程度甚至超越了廢寢忘餐！他懶得換衣服，會連續數星期都穿上同一件衣服，甚至忙得連鞋子也忘了脫下，直接穿着睡覺了。

　　「工作狂」和「完美主義者」可以說是米高安哲羅的關鍵詞。他活到 88 歲，一生沒有娶妻，沒有孩子，幾乎將吃飯和睡覺以外的時間都拿來工作，若他還沒把藝術品做到心目中的完美程度，就不肯好好休息，也不好好吃飯。

米高安哲羅的好朋友瓦薩里說，米高安哲羅雖然很年輕已經成名，他生活簡單，對飲食也沒有什麼要求，好像只是為了生存才吃喝；生活習慣有點邋遢，累了也只是倒頭就睡，也沒有換睡衣和脫鞋子。

　　即使有些時候米高安哲羅想脫下鞋子，也未見得舒服。據米高安哲羅的傳記作家（米高安哲羅名氣之大，讓他生前就有人開始為他寫傳記了）說，他常常數個月穿著同一雙以狗皮製的鞋子，也沒有脫下，當他有一次想脫鞋子的時候，才發現鞋子已經黏在皮膚上，單是想像也令人感到可怕！儘管他脫下鞋子，但由於雙腳一直都困在鞋子裏，空氣不流通，所以積累的臭氣，也不是現代人能夠想像的！

　　米高安哲羅為創作犧牲了休息時間和個人衛生，儘管這不值得我們仿效，但他傾注了所有熱情和時間在創作上，值得我們敬佩。米高安哲羅一生追求藝術的完美，他雕刻與打磨的《聖殤像》和《大衛像》轟動了整個歐洲，一塊堅硬無比的大理石竟然能被雕琢出精緻逼真的細節，尤其皮膚和肌肉的部分都是栩栩如生的，令人讚歎。至於他在梵蒂岡創作的天頂壁畫《創世紀》，壁畫中的《創造亞當》畫出神與亞當的手指即將相碰的一刻，扣人心弦。這些作品至今每天仍然吸引大量遊客遠程來參觀。

　　米高安哲羅的故事雖然有些極端，不過他的故事也提醒了我們，想要成功，有時也要願意作出一些犧牲。

莫札特喜歡
把「屎尿屁」掛在嘴邊？

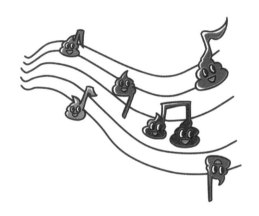

　　莫札特是著名的古典音樂家，曾說：「我把歡樂注進音樂，希望讓全世界感到歡樂」。他的作品風格大多明朗，節奏輕快優雅，深受貴族名流的喜愛。不過莫札特本人可能不是那麼優雅，因為他經常把「屎尿屁」掛在嘴邊。

　　學者翻查莫札特與家人之間往來的書信，莫札特筆下往往充斥着「屎、尿、屁」等詞語。拿一篇他寄給表妹的信做例子，內容是這樣的：「祝你晚安，但首先你要在牀上大便，讓大便爆炸起來。親愛的要睡個好覺，吻你的屁股。」這封信的德文原文，更是押韻的。

莫札特也曾向表妹寫道：「我的屁股像火一樣燃燒」、「我要在你鼻子拉屎」、「代我向朋友們致以比臭屁還要臭的問候」等。大家可能覺得表妹還算是同輩，所以莫札特放肆一點，也不足為奇。

事實上，就連莫札特寫信給父親時，也是「屎尿屁齊發」的。例如：「喂，混帳大人，來舔我的屁股！」、「大便真好吃！」

除了在書信中寫下這些衝擊詞彙之外，莫札特還寫過一首樂曲，名為《吻我的屁股》（Leck du mich im Arsch）。據說這是莫札特為他的朋友所準備的派對樂曲，是一首三聲部的卡農，由 6 個人輪流唱着：「吻我的屁股。快點，快點！吻我的屁股。快點，快點！」

莫札特私下的「豪邁奔放」，令後世愈來愈多學者加入研究，紛紛提出不同的觀點，形成了「莫札特糞便學」（Mozart and scatology）。例如有些學者認為莫札特可能患有「穢語症」，症狀是會不自覺地說出和做出污言穢語的行為。有些民俗學者則提出「屁股、大便」經常在德國民間傳說中出現，這類笑話是德國的文化之一。

看來不論大人小孩，大家都對「屎尿屁」話題特別有興趣！

荀白克
最怕什麼數字？

　　在歐美文化，很多人會視 13 為不祥的數字，有些大廈還會特意刪去 13 樓或 13 室，不少恐怖電影還會用 13 做主題。13 給人們的恐懼還連帶誕生了一個新名詞——「十三恐懼症」，要數最害怕 13 這個數字的人，恐怕非猶太裔奧地利作曲家荀白克莫屬了，他一生盡力避開 13 這個數字，來確保自己避過不幸。

　　對荀白克來說，不住在 13 號單位、13 樓、某街 13 號等也只是常識，他對 13 的忌諱，也在他的作品中反映。荀白克未完成的歌劇遺作名為《摩西與亞倫》（*Moses und Aron*），故事是出自舊約《聖經》的《出埃及記》，當中

亞倫（Aron）是先知。看到這裏，要問問大家，你有沒有發現一些蹊蹺呢？

答案是，荀白克把亞倫的名字串成 Aron，但根據《聖經》，Aaron 才正確。

第二個問題來了！為什麼荀白克要這樣做？

如果把原名的字母數量加起來，字母的總數是 12，如果改為 Aaron，總數便會變成 13！那不祥的 13！荀白克真的很害怕 13，看來他寧願被人認為是粗心大意寫錯字，也要避開這個不好的數字。

據說荀白克還十分害怕自己會在 13 倍數的年紀時去世。在他 65 歲時（65 是 13 的 5 倍），荀白克便害怕得要死，還特意去請教一名會占星的作曲家，那名作曲家告訴他這一年很危險，但不至於取他性命。最後，那年荀白克成功活過了 65 歲，他就想自己還有 13 年可以活。

想不到的是，在他 76 歲的時候，又有人警告他：7 加 6 等於 13，對他很不利！荀白克聽了以後，又嚇得要死，因為在那之前，他只擔心 13 的倍數，從未考慮過把要年齡的數字相加呀。最後荀白克真的在當年的 7 月 13 日去世，那天更是黑色星期五！

翻查資料後發現，原來荀白克的出生日期是 9 月 13 日！難道 13 真是他命中注定？還是他只是迷信，渾身散發着莫名的恐懼，讓他每日過得戰戰兢兢呢？

曾國藩最愛
寫「死亡筆記」?

　　清朝末年面臨西方列強的威脅，處於內憂外患的難關，這個時候「晚清四大名臣」挺身而出，憑藉才能與忠心，為大清力挽狂瀾，當中包括曾國藩。曾國藩支持國內各地開辦工商企業，又提倡以平等外交方式與洋人相處，而且會以嚴厲手段去管治軍隊。留着長鬍子的曾國藩在宮中老是扮演權威嚴肅的角色，但其實他私下也十分調皮，例如喜歡撰寫「死亡筆記」，老是「詛咒」朋友死去！

　　曾國藩有位朋友叫作湯鵬，兩人都是湖南人，也跟隨同一老師學習，因此關係甚好。根據李伯元的《南亭筆記》記載，有一年新春，湯鵬到訪曾國藩的家裏拜年。進

了好朋友的家裏，湯鵬無意中發現硯台下壓着一張紙，湯鵬好奇，便想把這張紙抽出來看是什麼。曾國藩卻阻止湯鵬，不過人性從來是被阻止做某件事，心裏就更想做那件事，湯鵬當然想看看到底葫蘆裏面賣什麼藥，於是就像個小孩般，不理曾國藩的反對，硬要將紙搶過來。

湯鵬搶贏了曾國藩，高興之際就把紙翻過來看，怎料發現紙上寫的竟是湯鵬的輓聯！輓聯是在喪禮上哀悼死者的對聯，一般會總結逝者的一生、成就等。大家都知道，農曆新年最重要的是好意頭，忌諱說「死」這類不吉利的話。湯鵬看到自己的輓聯，心中感到被戲弄——我的好友竟然詛咒我！湯鵬自然生氣到不得了，立即拂袖，一下子離開了曾府！

為什麼一代名臣要「詛咒」朋友呢？原來曾國藩很喜歡練習書法，認為可以修心養性，他每日都會在早餐後練習書法1小時，也堅持每天寫日記。他特別喜歡創作對聯，尤其輓聯——要以數十個字的篇幅總結一個人的生平，又要表達哀傷和評論，是練寫作功力的好傢伙。不過哪裏有那麼多死者讓他練習寫輓聯呢？所以曾國藩唯有幻想好朋友死去，想想會為他們寫上什麼樣的輓聯。不過這件事可是要偷偷地做呀！很可能曾國藩一時貪玩，寫了以後又忘記當日是新年，也不記得好朋友會來拜年，便弄出了這齣鬧劇！

愛因斯坦為什麼
穿女裝鞋子？

　　提出「相對論」的天才科學家愛因斯坦，常常成為攝影師的寵兒，留下了不少照片。最著名的照片，莫過於頂着一頭凌亂白髮，對着鏡頭吐舌頭的淘氣照片。除了這張照片，如果你也看過他的全身照片，說不定會發現他有個癖好，就是他常常穿女裝鞋子！

　　翻查愛因斯坦生前的相片，他擁有不同款式的女裝鞋子，例如露着腳趾的涼鞋、圓頭的瑪莉珍鞋（「返學鞋」）、毛毛鞋等。愛因斯坦出席隆重場合時會穿男裝皮鞋，但更多時候，不管上身穿着西裝或便服，愛因斯坦都會穿着女裝鞋子。有時愛因斯坦會與其他名人一同入鏡，

相中其他男士總是穿得十分得體，褲腳下的都是高雅的皮鞋，愛因斯坦的女裝鞋便顯得有點特別了。

為何愛因斯坦喜歡女鞋呢？愛因斯坦自己就從未交代過原因（可能也沒有人膽敢問大科學家這道題目），不過在愛因斯坦寫給妻子的一封信件中，愛因斯坦提到他討厭穿襪子。他說自己的大腳趾常常把襪子頂破，襪子也妨礙了腳趾的自由活動。但是如果不穿襪子，光着腳穿男式皮鞋是很不舒服的，於是愛因斯坦就選擇不用穿襪子也能很舒適的鞋子——那就是上面提及的女裝鞋子呀。

其實除了鞋子外，愛因斯坦長期以來也一直以不修邊幅而著名。據說在愛因斯坦成名前，他的家人曾經要他注意自己的形象，買些新衣服，但他卻說：「反正沒有人認識我，我穿成怎樣也不要緊吧！」後來他成為炙手可熱的科學家後，他還是穿着舊衣服，家人再次勸他買新裝，愛因斯坦這次就說：「反正現在人人都認識我了，我穿上什麼也沒關係吧！」

有些人會很在意其他人對自己的看法，常常會介意自己穿得好不好看，穿着自己喜歡的衣服，卻害怕被朋友嘲笑；為了融入別人，就選擇穿一些不喜歡的或不舒適的衣服。愛因斯坦的行徑雖然很破格，不過近年時裝界很多知名品牌也有推出男士涼鞋，如果愛因斯坦今日仍在生，他的穿着也就不再被人認為是古怪了。

海明威喜歡站着寫作？

　　海明威是近代最偉大的作家之一，他生前最後作品《老人與海》更成為不朽經典，出版 48 小時後銷售 530 萬冊創下紀錄，還讓他奪得了諾貝爾文學獎。海明威有什麼寫作秘訣？原來他認為站着寫書，就可以寫得更好！

　　根據海明威兒子所寫的回憶錄，說海明威從來不在桌子寫作，而是將淋邊的書櫃改造成工作空間。櫃頂一側堆滿書，另一側就放着一堆紙、手稿和小冊子，餘下的地方就剛好放下一台打字機，海明威就這樣站着打字寫書。海明威的工作空間還放滿雜物，例如一堆信件、雜誌、剪報，還放了一小袋肉食動物的牙齒、走不動的鬧鐘，木雕的斑馬、犀牛、獅子等排成一列。

有記者曾拜訪海明威的家，這樣描述海明威的寫作情況：「海明威寫作時是站着的，這是他打從一開始就養成的工作習慣。他穿着一雙超大的鞋子，站在一塊破舊的羊皮上，打字機和閱讀板就放在他的胸口前，他就這樣開始每天的工作。」

　　記者也向海明威請教，問他簡潔寫作風格有什麼秘訣，海明威說：「我站着寫！而且是用單腳站着寫！」他解釋，因為站着比較費力，會使他處於緊張的狀態，為了可以盡快休息，他就能迫使自己以最簡短的方式把心想的寫出來。據說海明威有時會「餓着寫」，把自己肚子餓得咕咕直叫，更會在寒冬裏只穿一件衣服，「凍得抖着寫」，精練簡潔的風格就這樣誕生。

　　對諾貝爾得獎作家的建議，說不定很多人還是聽聽就算——不過現在愈來愈多公司使用站立式的辦公桌，因為近代研究發現，久坐會影響健康。有醫生說，稍坐片刻確實能讓我們放鬆，但好些人每天要坐在辦公室裏工作，身體整天也不怎麼動，會導致心血管問題或者容易患糖尿病。有些人用了站立式的辦公桌後，也說身體比以前好了，背痛和腰痛都減輕了。

　　聰明的前人實在太多了，海明威的站立式寫作很可能就是其中一種，只是在當時來說可能過於前衛，還沒找到原因確認它的好處而已。如果能夠多研究以前名人的生活習慣，說不定會為我們帶來不少新靈感呢！

獻給
投考初中者

才子才女的
生活剪影

莊子問你借糧食，
你會答應嗎？

　　在春秋戰國時代，除了孔子之外，還有另一位大思想家，他就是莊子了。與貴族出身的孔子不同，莊子十分貧窮，住在陋巷，以織鞋為生，甚至要借糧食才能過日子。但莊子藉他借米的小故事，也可以說出一些幽默的智慧。

　　根據《莊子‧外物》，莊子因為家境太窮了，某天向監河侯（監察河道的官員）借米應急。怎料監河侯聽到後就說：「沒問題，待我收到封邑的租金、稅收後，就借三百金給你，好嗎？」

莊子一聽，馬上就知道監河侯不想借，便生氣到不得了，但他也不想直接批評監河侯，畢竟自己有求於人，不應該亂說話，於是就想出個故事來說給吝嗇的監河侯聽。

　　「昨天來的時候，途中聽見呼救聲，我四周看看，見到車輪輾過的坑痕中，困了一條鯽魚。我就走過去問牠：『鯽魚啊！你在這裏做什麼？』鯽魚回答：『我是來自東海的小臣。你可以給我一點水，讓我活命嗎？』我說：『好啊！現在我正前往南方，去遊說吳國、越國的國王，一定會想辦法將西江的江水引過來，送你回到大海，這樣可以嗎？』那條鯽魚聽完，生氣地罵我：『我一旦失去了水，就無法生存了。我只要一些水，就可以活過來了，但你竟然說這種話，你倒不如到魚市場上找我吧！那時候我可能已經變成魚乾，被拿去賣了！』」

　　莊子這樣說，明顯是要諷刺監河侯。至於監河侯聽完後有沒有生氣、莊子有沒有借到糧食，就不得而知了，因為原文沒有寫下結局。

　　不過，這個故事也可能是莊子虛構的，因為莊子喜歡編一些故事，來說明一些道理，這就是「寓言」。至於這個故事中，你知道莊子想說什麼道理呢？試想想，富有的監河侯要拿出一些糧食應該不難，但還是因為放不下自己對糧食、錢財的欲望，而拒絕莊子。這個行為可能會把莊子餓死，這是不是我們應該有的價值觀呢？

　　如果莊子問你借糧食，你會答應嗎？

李白和杜甫
曾經手牽手去郊遊？

　　相信大家都讀過李白和杜甫的詩，在他們所身處的唐代，兩位都是大詩人，後世更稱譽他們為「詩仙」、「詩聖」。其實他們兩人在生時，不只相識，更是好朋友，還會牽着手一同出遊！今日我們聽到牽着手，可能以為兩人是情侶，其實不是這樣的。古人常常在詩中提到與好朋友遊玩時會牽着手，所以不要多想了！

　　在唐玄宗天寶三年（公元 744 年），李白 44 歲，據說他喝醉後泄露了朝廷的秘密，被皇帝趕出長安，便四處遊歷，在洛陽認識了當時 33 歲的杜甫。那時李白已經名滿

天下，杜甫還不是大人物，不過兩人一見如故，便一同聊天，到處遊玩。還相約未來再次同遊，一起訪道求仙。

隔年秋天，兩人在兗州一同遊玩，吟詩賦詞，結下了「醉眠秋共被，攜手日同行」的友誼，意思是晚上兩人同蓋一張被子睡覺，白天就手牽手結伴遊玩。

兩人分別之後，杜甫寫了很多首掛念李白的詩，例如《贈李白》、《夢李白》、《春日憶李白》、《冬日有懷李白》等。《春日憶李白》有「渭北春天樹，江東日暮雲」一句，大意是杜甫看到不同風景，都會想起這位老朋友。《冬日有懷李白》也提到「寂寞書齋裏，終朝獨爾思」，杜甫獨自一人在書房裏，整天想念着李白。

有段時間李白因罪而遭流放，杜甫不知道李白是不是還在生，尤其那時古人沒有電話，更沒有社交平台，杜甫只能夠白擔心。於是杜甫便寫了膾炙人口的《天末憶李白》，當中寫到「鴻雁幾時到，江湖秋水多」，意思是說，送信報平安的鳥還沒到，江湖上危機四伏，杜甫希望李白平安。尾句則是「應共冤魂語，投詩贈汨羅。」即是說杜甫一直沒收到李白的消息，覺得李白已經魂歸西天，要與李白通話，恐怕要把這首詩丟在汨羅江。汨羅江是詩人屈原投河的地方，所以杜甫表達對李白的憂心、思念之餘，還把李白捧到屈原的地位，也可以看到杜甫對李白的情誼。

蘇東坡作文寫太好，
反而考第二？

《刑賞忠厚之至論》

　　北宋有位大作家，叫作蘇軾，又名蘇東坡。蘇東坡出了名很有才華，寫詩、寫詞、書法繪畫，樣樣精通，都在歷史上留名，能夠與他相比的人寥寥可數。跟他才華有關的故事，也有不少，現在就說個跟他考試有關的。

　　蘇東坡有個弟弟叫蘇轍，兩兄弟感情很好。在蘇東坡死後，蘇轍為他哥哥寫了一篇「墓誌銘」，名為《東坡先生墓誌銘》，用來簡介蘇東坡的生平，長達七千多字，這篇文章後來跟蘇東坡葬在一起。這篇墓誌銘跟《宋史·蘇軾傳》都有記載這個故事。

話說蘇東坡在北宋嘉祐二年（1057年），跟弟弟蘇轍一起上京參加考試，希望考個官職。當時蘇東坡在考寫論文的禮部「論試」中，寫了《刑賞忠厚之至論》，得到其時的大詩人兼考官梅堯臣賞識，並將這篇文推薦給主考官歐陽修看看。

　　歐陽修也是個擅長寫詩文的官員，那時他一看文章，覺得文采斐然，下筆的人才華洋溢，但試卷是遮去考生姓名，所以歐陽修也不知道是哪個考生寫的。他心想，文章寫得這麼厲害的，說不定是自己的學生曾鞏，如果把曾鞏封為第一，那可能會招人閒話，被人以為自己徇私，那可不好！於是把這篇他最欣賞的文章排在第二。後來試卷拆封，才發現文采風流的是蘇東坡。

　　後來蘇東坡在另一場考經文的「義試」中考獲第一，便寫了一封信給歐陽修答謝他。歐陽修讀過信後，便向梅堯臣寫信道：「老夫當避路，放他出一頭地也。」意思是他每讀蘇東坡的信，覺得蘇東坡文筆非常好，看得十分愉快，他不得不讓路，讓蘇東坡「上位」做個大人物，這也是成語「出人頭地」的由來。

　　最後蘇東坡成為今日大家都認識的大作家，還列入「唐宋八大家」，即被譽為唐、宋兩個朝代數百年間寫古文最好的八人。這八人裏面，也包括了這次提及的人物，就是歐陽修、曾鞏、蘇轍和蘇東坡也在其中。一個小故事，就出現四位大作家了。

莎士比亞是個大奸商？

　　英國大文豪莎士比亞著名的，當然是他筆下傳頌千古的劇本，還有令人神魂顛倒的十四行詩，他更自創了不少新字和新句法，影響了後世的英文。然而據我們了解，莎士比亞也可能有鮮為人知的一面——你有想過「囤積居奇」、「逃稅」這些詞語，也能形容莎士比亞嗎？

　　在 16 世紀末，地球進入了「小冰河時期」，當時氣溫下降令農作物失收，人們都被糧食短缺和飢餓折磨。有英國大學學者翻查歷史檔案後發現，莎士比亞原來是饑荒時期的法庭常客，因為他哄抬物價，發災難財。

　　研究員說，莎士比亞多次買入穀物、麥芽、大麥等

食材，囤積起來後，再以高價轉售給鄰居和當地商人。在1598 年，莎士比亞就因為囤積糧食而被政府起訴。

不過，莎士比亞的惡行不只這樣，他甚至成為「大耳窿」，向窮人發放利息高昂的高利貸。如果有人還不了款項，莎士比亞就會向他們討債，甚至起訴。

莎士比亞以這些方法將財產不斷滾大，多年來為自己和家人賺取豐厚的利潤。不過研究員認為，莎士比亞這樣做，也只是為了確保自己的家人和鄰居不會餓死，所以不應該過分苛責他。

不過話說回來，為什麼有人會想考查莎士比亞是怎樣賺錢的呢？研究員解釋，最初他們只是想研究食物在文學中扮演的角色，後來研究下去，發現莎士比亞的作品非常詳細地描寫了農作物生長和失收的情況、貧窮挨餓的人們，以及饑荒造成的政治混亂和社會動盪。莎士比亞將他的經歷轉化為戲劇故事，最後讓我們這些後人也能夠從作品中，看到那個時代的環境。

莎翁名劇《威尼斯商人》最讓人印象深刻的人物，不是主角安東尼奧，而是大反派夏洛克，他十分有錢，是放着高利貸的大惡棍。安東尼奧向夏洛克借錢，借據規定：如果無法還錢，就要割下自己的 1 磅肉來抵債。後來安東尼奧真的還不了錢，夏洛克來到威尼斯法庭，堅決要求割下安東尼奧身上的肉。你們說，這個「奸角」會否就是莎士比亞自己呢？

巴哈徒步數百公里，
只為追星？

　　「音樂之父」巴哈是巴洛克時期的管風琴、大鍵琴、小提琴演奏家及作曲家，現在仍然有很多人仰慕他，會不時到音樂會聽樂手演奏他的樂章。原來這名大音樂家年輕時也是個樂迷；他甚至可能比我們瘋狂，他為了聽到偶像的演奏，徒步來回步行了超過 800 公里！你問這有多長？大概就是在同樣的步速之下，不眠不休也要走超過 3 天！

　　在 1705 至 1706 年，巴哈還是個 20 歲的年輕人，當時他在德國中部阿恩施塔特的一間教堂擔任管風琴師，也是著名管風琴家兼作曲家布克斯特胡德（Buxtehude）的樂迷。那年布克斯特胡德在德國北部舉行音樂會，當巴哈知

道這個消息後，就向教堂請了 30 天的長假，然後一路從阿恩施塔特步行到呂北克，走了大約 450 公里路，去參與偶像的音樂會。

為了讓大家知道 450 公里大約有多長，我們粗略計算了一下，由九龍的尖沙嘴到北區的上水，大約是 30 公里，所以巴哈那時用雙腳把這段路走了 15 次！要在凹凸不平的路上行走，途中還要找地方吃飯、睡覺，今日回看，巴哈當時是創下一個多麼了不起的壯舉啊！

巴哈最初只是請假了 1 個月，但最後，他在 4 個月後才回來，教堂之後把曠工的巴哈告上法庭！

不過，巴哈這次旅程其實收穫不少，除了成功追星見面外，也讓他的音樂創作更豐富鮮明。巴洛克時期是貴族掌權的時代，大部分音樂作品都是供上流社會炫耀之用，所以要非常絢爛，以呈現奢華的氣氛。從呂北克回來的巴哈帶回了許多新奇有趣的演奏想法，包括加入花俏的裝飾音、不定性的轉調與變奏等，為聽眾帶來新鮮感。

此外，巴哈還為人類音樂史上作出了另一個大貢獻，就是保存和傳播布克斯特胡德的音樂，因為布克斯特胡德在 1707 年就過世了。據後世考證，巴哈那時製作了幾份手稿帶回家去，讓布克斯特胡德的樂曲得以保存下去。

一個長假、一次曠工，卻間接令人類史上出現一位大音樂家，如果巴哈那時做個循規蹈矩的好青年，可能音樂界就損失了位人才了！

哲學家與數學家合作，
買彩票中大獎？

伏爾泰被譽為「法蘭西思想之父」，是法國啟蒙時代思想家、哲學家、文學家，一生為思想和言論自由而戰。伏爾泰在君主階級、貴族主義的時代宣揚捍衛自由、人人平等的思想，啟迪了不少歐洲人。他反對君主制度，不過他可能也要感謝當時笨蛋般的法國政府人員，因為如果沒有他們，伏爾泰和他的數學家朋友也未必能夠透過彩票賺取大筆金錢，從而擁有一生瀟灑的命運。

1728 年，那時法國政府發行了一種彩票，伏爾泰跟數學家朋友拉康達明研究過後，發現這種彩票有設計漏洞，

抽獎的總獎金居然比彩票的總售價高！那麼，只要有方法買到全部彩票，那就穩賺不賠了！

不過伏爾泰和拉康達明只有兩個人，沒辦法去買到所有彩票，於是伏爾泰出面找來十多人，一起合作。幾次抽獎下來，就已經累積起一筆不小的財富。

後來，法國政府公布抽獎結果時，終於發現來來去去中獎的都是這十多人，經調查後，才發現伏爾泰等人在搞鬼，串謀贏光光政府的獎金。政府雖然牙癢癢，很想把經常諷刺王室和政府的伏爾泰再次送到監獄中（伏爾泰曾因寫諷刺詩，而被送入巴士底獄關押），但因為政府自己出錯在先，所以對這群「獎金劫匪」也無可奈何，也無法收回獎金，只能摸摸鼻子趕快取消彩票活動。

伏爾泰和拉康達明賺了大錢，也沒有變成暴發戶把錢亂花。拉康達明之後前往南美洲，在現在的厄瓜多爾花了10 年時間，測量了赤道緯度的弧長，最後證實，地球是一個赤道略鼓、兩極稍扁的球體。至於伏爾泰則一面把這筆錢用作投資，一面投入哲學、政治理論、文學創作，寫下不少深刻的哲學作品和偉大的思想，啟發後人。

誰是《給愛麗絲》的愛麗絲？

相信大家都聽過貝多芬寫的《給愛麗絲》（*Für Elise*），這首鋼琴曲旋律溫柔，樂韻輕快而動人。也許迷人的原因在於，這首樂曲真的是貝多芬的情歌。

相傳在貝多芬 40 歲的時候，愛上自己的學生泰莉莎（Teréz），那時泰莉莎只有 19 歲。為了表達愛意，貝多芬寫了一曲《A 小調巴加泰勒》（*No.25 in A minor (WoO 59, Bia 515)*）送給對方，還在樂譜上題寫了「獻給泰莉莎，1810 年 4 月 27 日」。貝多芬本來更打算在宴會上彈奏此曲，送給愛人。真實的故事如何，以現在的資

料未有蓋棺定論，但後來兩人的戀情似乎因為身分懸殊和年齡差距，無法有一個甜美的結局。

這份樂譜一直留在泰莉莎手中，貝多芬沒有留下底稿，因此貝多芬去世後也沒有把這首樂曲收錄在作品目錄裏。直到 1867 年，德國音樂家諾爾打算寫了一本關於貝多芬的傳記，才在泰莉莎的遺物中發現了這首樂曲的手稿，並公開了這首歌曲。

不過，這首曲目是《給愛麗絲》，不是《給泰莉莎》呀？是因為泰莉莎改了名字？還是貝多芬把樂譜給錯了泰莉莎呢？

其實至今還沒有定論，不過現今學者一般都認為，可能是貝多芬寫字太過潦草，令諾爾當時將「Teréz」看錯成「Elise」。從此這首《A 小調巴加泰勒》就成為了《給愛麗絲》，一直流傳至今。

無論如何，今日貝多芬都已經魂歸天國了，我們也無法求證情歌的主角是誰。不過我們可以確定的是，《給愛麗絲》是一首浪漫的樂曲，旋律輕巧卻充滿愛意，更成為深入民心的經典樂曲。到了今天，這首曲子更以不同方式流傳，例如羅文的《心裡有個謎》就採用了旋律；陳奕迅更改編了《給愛麗絲》，加上林夕的歌詞後，以現代方式重新演繹。

安徒生兒時有什麼志願？

　　你有讀過《國王的新衣》、《醜小鴨》、《賣火柴的小女孩》等童話故事嗎？如果沒有丹麥作家安徒生和他筆下無數動人的故事，我們的童年一定會失去了很多樂趣。然而，「如果沒有作家安徒生」的這件事，原來差一點就成為了事實。因為安徒生兒時的志願不是當作家呀！

　　安徒生一家很貧窮，父親沒讀過很多書，但他經常念故事給安徒生聽。安徒生小時最喜歡在家中架起小劇場，給木偶做衣服、定角色，讓木偶表演話劇。

　　好景不常，父親在安徒生 11 歲逝世，之後安徒生便到工廠當童工。可是他力氣遠不及其他工人，唯獨他的聲

線清澈嘹亮，唱起歌來，總能吸引忙碌的工友駐足聆聽。安徒生於是立志想當一名歌劇演員，在舞台上發熱發亮。14歲安徒生之後只帶着一些錢和心愛的木偶，就隻身出發到哥本哈根。

安徒生到了哥本哈根後，由於聲線好，成功被丹麥皇家劇院聘請，有時還會在有錢人家的宴會上演唱，不久後卻因發育變聲而失業。於是安徒生想改當芭蕾舞演員，可是他高高瘦瘦、大鼻子大腳的，按當時的審美觀不算是個美男子，因此總是被拒諸門外。

不過安徒生沒有放棄，他開始嘗試寫作。起初沒有人採用他的劇本，不過後來獲皇家劇院主管柯林賞識，柯林更把他介紹給丹麥國王，國王也十分欣賞安徒生的才華，便贊助他到學校接受正規教育。畢業後，安徒生也繼續在寫作路上持續前行，一生寫下了不少童話故事，為孩子帶來歡樂。

安徒生就像他筆下的醜小鴨一樣，在連續的挫折中不斷努力，最終蛻變成了白天鵝！

歷史上許多偉大的名人，都在年少時經歷過失意，一番跌跌撞撞後，最後在其他道路上發光發亮。之前提過的李白、杜甫，其實本來也是一心希望當官，一展所長，卻未能如願，他們把這些怨憤寫在詩中，卻成為千古詩人，以另一方式名留青史。即使感到人生不如意，也千萬不要放棄，種子可能會在意想不到的地方開花！

畢加索
竟燒掉自己的畫作？

　　20 世紀最具影響力的畫家，非畢加索莫屬。與許多畫家窮了一輩子、死後畫作才變得值錢不一樣，畢加索還活着時，他的畫作就已經價值連城，是極少數在世時就能名利雙收的藝術家。但是你知道嗎？畢加索也曾經經歷憂鬱時期，更把自己的畫作燒掉！因為他不認為可以賣到錢。

　　時間回到 1900 年，19 歲的畢加索隻身從西班牙來到巴黎。當時身無分文的他，只能住在細小的房間創作。有一天，好友突然離世，畢加索傷心欲絕。當感到傷心難過的時候，有些人可能會大哭一場，有些則可能大吃大喝，畢加索就選擇了畫畫來發泄悲傷。

畢加索以冰冷憂鬱的藍綠灰色來作畫，這段時間也被稱為「藍色時期」。如果大家學過美術，也會知道藍色屬於冷色，給人寒冷的感覺，相反紅、橙、黃等是暖色，讓人看後感到溫暖。那時期標誌性畫作如《盲人的早餐》、《老結他手》、《人生》等畫作都是描繪在惡劣環境下生存的人，或多或少也表現出畢加索的孤獨、壓力和對現實感到焦慮不安。

　　儘管畢加索不斷創作，但他寂寂無名，畫作還是賣不到很多錢。在 1903 年冬天，巴黎寒氣逼人，他沒有燃料，唯有多次燒掉自己的畫稿和畫作，換取一點暖意。看着畫作被大火吞噬的同時，畢加索也開始懷疑自己的才華。

　　幸好藍色時期維持得不長，在 1904 年，畢加索愛上了一名年輕的模特兒。雖然生活依然清貧，但甜蜜的愛情令畢加索的畫風明快起來，多使用橙色和粉紅色作畫，畫作也經常會出現馬戲團、小丑和各種滑稽角色。

　　1906 年，畢加索初次見到非洲雕刻藝術後，深深被吸引，其後又結識了野獸派畫家馬蒂斯，便開始將粗獷、強烈的元素融入自己的畫作。同年畢加索為作家史坦畫了一幅肖像畫，讓他從玫瑰時期轉到立體主義，風格也愈來愈豐富。

　　正如許多藝術家，畢加索也有懷才不遇的時候，但正因人生有波折、有高低，才令生活變得豐富，這也是藝術家的創作養分。畢加索畫風多變，也證明了人生、心情可以有多複雜，也有多精彩！

金庸的第一本著作是什麼？

　　金庸的武俠小說，迷倒華文世界不少大人和小朋友；查良鏞創辦的《明報》、撰寫的社評，也啟蒙了很多香港的知識分子。很多才子早於年輕時已經嶄露頭角，金庸當然也不例外，早在 15 歲，他便已經出版了第一本書，而且頗受歡迎。只是當時他寫的，原來不是武俠小說，而是給小學生的參考書！

　　金庸是浙江人，在中日戰爭前夕考入了嘉興中學。隨後戰事爆發，就讀中二的金庸便背着行李，全校師生一路徒步，遷移至安全地方，顛沛流離近兩個月。

在 1939 年，金庸升到中三，那年才不過 15 歲，他發現要報考初中的小學生十分辛苦地複習考試，於是想到編寫一本應試工具書來幫助他們。他和兩名同學蒐集當時一些中學的入學試題，分門別類後再加以分析解答，然後編成了《獻給投考初中者》。這本書有着「試題庫」、「精讀筆記」、「答題技巧」等內容，十分實用，因此出版後收到小學生的熱烈歡迎，據說本書出版一年後就重印了 20 次，銷量高達 20 萬冊。

時至今日，我們仍能在網絡上找到這本書的照片，封面寫着三名編者查良鏞、張鳳來、馬胡瑩的名字。大概當時買了這本書的莘莘學子，最初只是為了得到升中的參考資料，怎料也想不到自己買了未來大作家的首部著作。

金庸除了編寫了升中參考書外，還很早就展露文學才華。他後來轉讀衢州中學，他在報章發表文章，批評備受大家追捧的南宋詞人李清照，認為李清照「吟風弄月、缺乏戰鬥精神的思想」，不喜歡這種「自我憐惜的心理」，當然文章發表後，他被視為叛逆孩子，也被師長批評。

如果大家有讀過宋詞，就會知道那時期的作品一般都是自傷自憐，瀰漫着悲哀的氣息，我們學習時，大多會跟從教科書的指示，讚賞這些文學作品有多麼精彩。不過金庸自己有一套想法，事實上，後來他寫的小說也很「離經叛道」，例如《神雕俠侶》的師生戀、《鹿鼎記》的無賴韋小寶等，雖然曾經惹來批評，但今日回看，卻成為自成一家的不朽名作。

倪匡一天能寫一萬字？

　　我們平日在學校寫作文時，通常只要寫數百字，但這種字數，就可能已經要我們叫苦連天了。已故作家倪匡就說過，他一天大概可以寫上 1 萬字，字數比一般大學生的論文還要多呢！

　　倪匡更曾經自誇「漢字寫作，速度之快，世界第一。」倪匡十分自豪於自己的寫作速度，說最高紀錄是 1 小時能夠寫 4,500 字，最慢也有 2,500 字，算一算，即是每天用 3 至 4 小時就能完成寫作！而他的寫字速度竟然是

每秒寫超過 1 個字！大家要知道，在倪匡創作的年代，電腦還未被發明，每隻字都是手寫出來的呀！

　　倪匡為什麼要每天寫 1 萬字這麼多，還要每秒寫超過 1 個字那麼快呢？原來倪匡除了寫小說、專欄、散文之外，還會寫電影劇本，在上世紀 60 至 80 年代港產片興盛的時期，就有不少電影是出自他的手筆。他一生創作了超過 300 本小說和 400 多部電影劇本，例如《衛斯理》、《原振俠》、《浪子高達》、《女黑俠木蘭花》、《神探高斯》等科幻小說系列。

　　倪匡還會幫忙代筆，賺些外快呢，他也自稱是「全港唯一能靠文字吃飯的人」。倪匡說過，那時從中國大陸來到香港，在報界、寫作界打滾一段日子後，便與當時地位甚高的金庸做了好朋友。有次金庸有事，便找倪匡為在報刊上連載的《天龍八部》代筆，頑皮的倪匡卻將角色阿紫弄瞎，讓金庸氣得要死。

　　至於倪匡自己寫的小說，其實很多都十分精彩，劇情常常天馬行空、出人意表，令人不禁大讚他的想像力，實在太不可思議了（他的好友蔡瀾更曾形容他為「外星人」）！不過，倪匡的作品也常常被人詬病，因為前中段往往很引人入勝，卻常常草草收尾，令人大呼可惜。倪匡有次出席講座時，就有人向他問過這個問題，他卻笑說，一本小說才賣不過數十元罷了！這種頑皮而大膽的性格，也是倪匡迷人的地方呢！

宮崎駿
為什麼被稱為「騙子」？

我又復出了！

　　宮崎駿很可能是當今世上最偉大的動畫電影導演，他的作品《高立的未來世界》、《龍貓》、《幽靈公主》、《千與千尋》⋯⋯幾乎每套都是不朽名作，每次他的電影上映，都會掀起全球熱話。不過，原來宮崎駿也是個騙子！因為他常常說自己做完某齣電影後就要退休，但幾年後又會復出製作新電影，因此被日本人戲稱為「退休大騙子」！

　　日本有電視節目更認真地整理了宮崎駿的「退休大騙史」，發現他已經說過 7 次「要退休了」！

　　早在 1986 年《天空之城》上映後，宮崎駿就說「想在人生的巔峰引退」。雖然那時他覺得自己已經站在人生

的巔峰，不過大概他也沒想到之後會要復出，還製作出一齣比一齣賣座的電影。

1992 年完成《飛天紅豬俠》後，宮崎駿表示「我的動畫已經結束了」，暗示要退下火線。到了 1997 年，宮崎駿帶着《幽靈公主》回歸熒幕，說：「這真的是最後的退休作品了。」不過 4 年後，《千與千尋》上映了，它更成為日本史上最賣座的影片，這個紀錄直至 2020 年才被超越。

《千與千尋》誕生時，宮崎駿宣稱要「要正式退休」。2004 年《哈爾移動城堡》上映後，就說「這是最佳的退休時機。」當然大家已不再相信「狼來了」的故事，果然在 2008 年，宮崎駿完成了下一部作品《崖上的波兒》，那時說了「體力開始不足，那是最後的長篇動畫了」。大家可能也知道後來的故事，5 年之後，以二戰作為背景的《風起了》上映，當時宮崎駿表示：「這一次真的是正式退休的機會」，也宣布《風起了》成為息影之作。

在《風起了》之後，確實宮崎駿從人們眼前消失了好一段時間，大概許多人都惋惜，可能這次宮崎駿真的退下來了。不過狼來了的故事還沒有完結，大家又「中伏」！2016 年，宮崎駿透露了復出的消息，說希望完成新的長篇動畫，《蒼鷺與少年》最後在 2023 年上映了。

宮崎駿已經超過 80 歲了，不知道狼來了還會不會繼續。回想起來，可能是因為宮崎駿每次都抱着「告別作」的精神來用心製作，所以他的動畫才會這麼令人喜愛吧。

草間彌生為何總是畫圓？

　　不知大家有沒有看過由強烈的顏色和大大小小的圓點聚集而成的畫作？這些畫作就是出自日本藝術家草間彌生之手。她的作品曾經在 M+ 博物館展出，迷倒不少現代藝術的愛好者。你可能會問，草間彌生為何老是畫圓點呢？其實這是源於她患上了精神疾病，這個疾病令她出現幻覺，使她看到的世界彷彿隔着一層由圓點組成的網。她作品中密密麻麻的圓點，是她在腦海中看到的真實景色。

　　除了草間彌生外，梵高生前也患上精神病。他在 1889 年的創作《星夜》用上了獨特的顏色和扭曲的漩渦線條，

學者認為這張畫作也展現出因精神病而令知覺可能出現的光線和顏色變化。

說回草間彌生，她的童年過得不愉快，令她年幼就患上了精神疾病。她的媽媽很嚴厲，爸爸則常常花天酒地，母親會要求她偷偷跟蹤父親，令她蒙上心理陰影。後來，她開始受幻覺困擾，例如看到花園裏的紫羅蘭長了人類表情，注視着她，也會對她說話。

幻覺經驗令草間彌生痛苦萬分，她便將感受投注在筆下，只能不斷地畫畫紓緩心裏的痛苦。不過她的母親只想女兒嫁人，反對她畫畫，更會毀掉她的畫布。不過愈受打壓，草間彌生就愈痛苦，也就愈沉迷在畫畫裏。

在一次偶然的機會，她寫信給美國女藝術家歐姬芙，並附上自己的數幅畫，大師竟然回信給她，又鼓勵她持續創作。受到激勵的草間彌生，便不顧母親的反對，到了美國發展。

草間彌生曾經接受過精神分析治療，卻讓她無法繼續創作：「我沒辦法畫出什麼了。因為所有東西都從我的嘴巴溜了出來。」對草間彌生來說，幻覺是困擾，卻也是她的創作源頭，藝術就是她治療自己的方法。

目前 95 歲的草間彌生住在醫院，仍然堅持創作，會在工作室與醫院之間穿梭，以藝術創作將她眼中的世界帶給我們。

改變世界的
非凡人物

探險家哥倫布
怎麼擺了個大烏龍？

印度？

相信很多人都學過「哥倫布發現了美洲新大陸」，哥倫布給人的印象也是一個威風八面的大探險家，沒有他，現在的美國很可能大不一樣了。不過，其實他在這場探險擺了個大烏龍呢！

意大利著名探險家馬可孛羅早於 13 世紀到過元朝中國，他的經歷為歐洲人所驚訝，這才知道遙遠的東方有另一個文明，還有很多遠超他們想像的文化與商品。從此亞洲就被歐洲人視為一片神秘的土地。

到了 15 世紀，另一個意大利人哥倫布也想到亞洲去看看。哥倫布懷着雄心壯志，希望經大西洋繞過鄂圖曼帝國（即現時土耳其的位置）和非洲到達亞洲，他憧憬着在當地

能夠掘到大批黃金。不過,要橫渡大海,也要龐大船隊,還要糧食、工人等,合起來的開支也不小,所以哥倫布要找人贊助。最初哥倫布向葡萄牙國王叩門,卻被拒絕,後來他到處游說了很多年,最終才獲得西班牙女王伊莎貝拉一世的資助,起行出發。

不過,那時還沒有電腦和飛機,探險隊對世界地理還沒知道得清楚,地圖也沒畫出地球每一個角落。亞洲位於歐洲的東方,哥倫布的艦隊那時自西班牙西南海岸的帕洛斯港出發後,卻擺了個大烏龍,走錯方向一路向西,到了美洲大陸。

哥倫布在美洲一帶的群島和大陸遇到不少原住民,看到他們還在用木頭、骨頭做利器,便以為自己到了傳聞中的亞洲國家,例如日本、印度等,還以為古巴就是中國。當他到了自認為的「印度」,就把原住民都稱呼為「Indios」,即西班牙語的「印度人」。如果大家比對印第安人和印度人的英文,分別為「Indian Natives」和「Indians」,相差不大,這就是因為哥倫布當時以為自己遇到的是印度人,這個叫法也沿用至今。

歐洲人知道哥倫布發現新大陸後十分雀躍,但對美洲印地安人來說可能未必是一件好事。因為來自歐洲殖民者陸續登上大陸,在過去數百年大大小小地屠殺原住民,建立起殖民地。很多時候我們聽到一些有偉大形象的人物,但有可能只是他們不好的事迹被藏起來。多翻不同的書,往往令我們對歷史人物有更多方面的認識。

特斯拉為什麼
被舉報是外星人？

你可能有聽過電動車品牌特斯拉（Tesla），不過你知道這個名字是來自天才發明家特斯拉（Nikola Tesla）嗎？特斯拉曾經被視為愛迪生的競爭對手，兩人的世紀對決，我們會在下一道題目再說，現在我們先來認識特斯拉和他的有趣事迹，更曾經有人舉報他是外星人！

特斯拉很喜歡閱讀科學書籍，據說他的眼睛能像照相機那樣一目十行地掃描，腦袋也能夠快速記下書本內容。

特斯拉年輕時曾被自己「非常仔細的想像力」困擾。他說到，自己只要聽到一件物品的名字，就能夠逼真地想像到它的每個細節。他曾經四處求醫，最後還是找不到解決方法，後來便將自己的能力投入到發明上，他說過：「我

可以充分利用這種罕見的能力想像，完全不需要模型、圖紙或實驗，就可以在腦海中繪製所有細節。」

這種神奇的想像力和記憶力，也令特斯拉發明了很多東西，為人類作出了貢獻。特斯拉年幼時，世界正處於工業革命時代，需要更多更有效的能源和電力來發展，而特斯拉擅長研究電力，他設計的交流電（AC）供電系統，可以減少遠距離輸送電力的損耗，到現在全世界大部分的電網都是使用交流電的。此外，他的發明還有遙控器、旋轉磁場、特斯拉線圈、無線電發射機等。他後期更動用大量資金，希望可以開發出能夠遠距離無線供電的設備，不過他最終沒有成功，直到今天也還未有科學家做到。

此外，特斯拉也對數字很着迷，他很迷戀數字 3、6、9，認為這幾個數字有神秘的意義，甚至可以用來解開宇宙的奧秘。特斯拉生前接受訪問時，曾經說過：「你一旦知道 3、6、9 的偉大之處時，你就會得到通往宇宙的鑰匙了。」不過，他在晚年不再提及 3、6、9，也開始對自己的研究漸漸喪失興趣。有人認為，可能特斯拉已經破解了宇宙的奧秘，也有人認為，這位天才只是患了強逼症，對某些事物莫名其妙地迷戀而已。這真的讓人抓破了頭皮，想不通呀！

在 2020 年，美國聯邦調查局（FBI）公布了一些解密檔案，資料顯示昔日曾有人向 FBI 舉報特斯拉是來自金星的外星人。你認為特斯拉會是外星人嗎？

愛迪生

曾經電死一頭大象？

1903 年，一頭名為托普絲（Topsy）的大象被處以電刑致死。這頭大象的死亡，被說是跟愛迪生有關。

故事要說回 1880 年代，東南亞一頭大象被賣到美國一家馬戲團工作，牠也有了人類的名字，叫作托普絲。托普絲一直溫馴，直到有日有人向托普絲丟了一支點燃着的雪茄，托普絲受驚嚇，也傷害了那個人。

托普絲從此染上污名，外界把牠名為「壞大象」。因為傳媒把事件誇大，吸引了不少人來馬戲團看熱鬧，有個觀眾更拿棍子去碰托普絲，托普絲再被嚇到，也傷害了那名觀眾。之後這家馬戲團便將托普絲賣到一家名為月神的遊樂園，可是遊樂園見托普絲釀成多次傷亡意外，最後還

是決定把牠人道毀滅。最初遊樂園打算使用絞刑，但因為愛迪生的緣故，最後選擇了電刑。這與愛迪生有什麼關係？

當時愛迪生和特斯拉正在展開「電流之戰」。愛迪生那時已經是家喻戶曉的發明家，他建立了一家發電廠，以直流電（DC）電網將電力輸送到一大片區域的家庭。不久後，愛迪生發現直流電的缺陷，那就是隨著電力傳輸的距離增加，損失的電力也會增加。愛迪生於是聘請了當時還是無名小卒的特斯拉來解決這個問題，特斯拉建議改用交流電（AC），卻未獲愛迪生重視。之後，特斯拉加入西屋電氣公司，開拓交流電市場。前文已經提過交流電的優點，可想而知，交流電的發展日漸盛行，愈來愈多電網使用交流電。愛迪生眼見生意下滑，唯有抹黑對手，例如他當眾進行了多次電擊動物的實驗；這也令當時大眾認為電刑比絞刑較人道。

在 1903 年，托普絲腳上繫着帶有銅電極的木製涼鞋，用銅線連接到愛迪生電燈公司的發電廠。工作人員同時向托普絲餵食摻有氰化物的蘿蔔，確保托普絲能夠一命嗚呼。電流穿透托普絲的身體，巨大的身軀也倒下了。

後世不少人將托普絲的死歸咎於愛迪生。不過有人反駁，愛迪生早在 1892 年就失去對愛迪生電燈公司的控制，因此對托普絲的死責任不大，最大責任應是月神遊樂園。來到今日，不知你們又覺得責任誰屬，而這件事情中，人類有沒有做得不對的地方呢？

聖女貞德讓世界知道
女性的短髮有多美？

在 15 世紀的時候，歐洲的女性地位偏低，不少女生被教會指為與魔鬼有約的女巫，被焚燒至死。在這個性別不平等的年代，法國卻出了位女英雄，她叫作貞德。她頂着一頭短髮，穿上厚重的盔甲，領導一眾士兵上戰場，擊退敵人，被視為法國的民族英雄，後世尊稱她為「聖女貞德」。

有關女性剪短髮的歷史，其實已經難以考證，但聖女貞德一般被看作第一個束短髮的女性。

當時法蘭西王國與英格蘭王國正在打仗。貞德是一個目不識丁的農村女孩，她聲稱自己有一天遇見了大天使米迦勒等，告訴她要趕走英格蘭人，再帶領王儲到蘭斯參加

加冕典禮。貞德在 16 歲時便請求親戚帶她找一支軍隊的隊長，讓他帶自己到王儲查理的所在地。隊長聽了她的「神蹟」後，只是嘲笑了她一番。

不過貞德沒有放棄，她在一年後和兩個支持她的士兵一起再來找隊長，又預言法軍會在奧爾良之役戰敗。不久，前線傳來的戰報證實貞德的話，隊長便把貞德護送到查理的所在地。據說查理為了考驗貞德，便藏身貴族之中，與查理素未謀面的貞德竟然一眼就把他認出來，查理也逐漸相信了貞德擁有「神力」（或者他認為貞德有用），便讓貞德領導軍隊，叫她解放被英國人圍困的奧爾良。

據記載，貞德接過軍權後，就剪了短髮，穿起男裝，成為了奧爾良的新統帥，率領軍隊上戰場。當時貞德以猛烈攻勢將英格蘭軍隊打得節節敗退，貞德第一次出戰就取得勝利！後世的歷史學家也補充，這場戰役是英法百年戰爭中一個重大的轉捩點，為法國最終勝利奠定了基礎。這個少女的力量，足以改變歷史！

後來貞德多次打勝仗，王儲查理也如神蹟所言，在蘭斯舉行加冕典禮，成為查理七世。然而，在 1430 年，貞德在一次戰役中被俘虜，最後被綁在火刑柱上燒死。

其實那時按照宗教規定，女性一定要把頭髮包起來，不能讓外人看到，也不准女性穿男人的服飾。聖女貞德的短髮和一身男裝，打破了教會規條，也為無數女士作先鋒。到現在，聖女貞德被視為女性勇敢和獨立的先驅。

伽利略的手指被偷了？

　　「現代科學之父」伽利略在生時，人們主張「日心說」，說太陽環繞地球移動的。不過伽利略就支持哥白尼的「地心說」——地球圍繞着太陽移動；他更使用望遠鏡來觀測天體，把太陽黑子、月球上的隕石坑、木星的四大衛星等都收進了眼球內。他也為力學、數學貢獻良多，就連物理學泰斗霍金也說，「自然科學的誕生要歸功於伽利略」。伽利略名聲之大，令大家非常景仰，甚至仰慕到要偷走他的手指和牙齒！

　　據說，在 1737 年，一個意大利貴族看到伽利略的遺體沒有腐化，認為伽利略是聖人，於是藉機盜取了伽利略的三根手指和一顆牙齒，當作聖物。不過三根手指中的其中

一根手指之後被收回，收藏於佛羅倫斯一個博物館裏。貴族把伽利略的牙齒、拇指和中指保存在一個容器中，當作傳家之寶代代相傳。直到 20 世紀初，貴族的後人發現整個容器消失得無影無蹤，也不知道是不是再次被人偷去了。

直到近百年後，這個容器出現在一場拍賣會上，伽利略的兩根手指和牙齒在眾目睽睽下成為拍賣品，最後由一名私人收藏家買下，後來這名收藏家再將容器交給博物館。經過接近 300 年後，伽利略流落在外的三根手指終於重逢了。

到了今日，不少人會專程到意大利佛羅倫斯的伽利略博物館，一睹這位傳奇天文學家的手指和牙齒。博物館還收藏着很多在科學史上意義非凡的物品，例如由伽利略設計和製作的天文望遠鏡，還有據說是他用來發現到木星衛星的鏡頭。

除了伽利略的手指和牙齒，愛因斯坦的大腦也在驗屍時被法醫切掉，偷偷帶走。看來有些人很喜歡收藏名人的器官，你認為原因是什麼呢？

好奇心令牛頓差點失明？

相信大家都聽過，牛頓因為好奇蘋果為什麼會從樹上掉落，於是發現了萬有引力。不過，牛頓旺盛的好奇心，也差點令他瞎了！

牛頓試過長時間直視太陽。他發現這樣看下來，淺色的物品看起來都變成紅色的，深色的物品則變成偏藍色的。不過，完成實驗後，他的視力經過 3 天才恢復過來。

除了這個實驗外，牛頓曾經拿着一根針，用針頭刺向自己的眼睛！他最初使用手指插進自己的眼球與眼眶骨之間，然後按壓眼睛，再記錄自己看到的結果。接着，他改用銅片取代手指，之後更用上一根粗針！

當牛頓用針頭壓向眼睛後，看到多個白色、黑色、彩色的光圈，當他減少力量，改為用針頭揉眼睛的時候，光圈會變得微弱，並開始消失，直到他移動眼睛或針頭，那些光圈又會重新出現。

　　在對自己的眼睛連番擠壓和放鬆後，牛頓便想到：為什麼施加壓力，眼睛就能看到不同顏色？顏色是由於按壓眼睛而產生的嗎？光線與顏色又會不會有關係呢？

　　牛頓的好奇心讓他鍥而不捨地繼續找尋答案，後來他就透過「三稜鏡」發現了秘密。當白色的光穿過三稜鏡後，就會被散射成不同顏色的光。因為不同顏色的光，折射角度都不同，所以每種顏色的光在通過三稜鏡後，行進路線也會分散開，變成了一道「彩虹」。牛頓為了確定假設是正確的，他就將所有被分散出來的每種色光，用三稜鏡再次組合在一起，最後不同顏色的光真的變回白光。最終牛頓成功發現了白光是由不同其他顏色的光混合而成。

　　牛頓的膽識，造就他發現光譜，成為人類史上舉足輕重的科學家。除了光學的成就，他還闡述了萬有引力和三大運動定律，奠定了現代物理學和天文學的基礎。只不過他的好奇心也差點令自己失明，讀者請勿模仿危險動作！

林肯的禮帽藏着什麼？

　　美國第 16 任總統林肯目睹黑人奴隸被白人當作貨品買賣後，決定將廢除奴隸制作為自己的使命，他在任內打贏南北戰爭，成功解放黑人奴隸。林肯不僅是被譽為美國最偉大的總統之一，他超過 1.9 米的身高也是傲視群雄。個子很高的林肯更有戴黑色高頂禮帽的習慣，讓他站在人群中就高出大家一頭。不過，大概大家都沒料到，他的禮帽其實好比多啦 A 夢的百寶袋，藏着各種小東西！

　　據記載，林肯會將小紙條藏在禮帽的夾縫內。在演講途中，林肯會摘下高高的禮帽，露出凌亂的頭髮，然後抽出演講稿，演講結束後，總統就會把紙條放回帽子裏。

林肯也會將信件或重要的文件藏在禮帽內。在一封1850 年的信中，林肯寫到：「我為沒有盡快回覆你的信而羞愧，因為我一直忙於工作，第二，當我收到這封信時放在了舊帽子裏，第二天我又買了一頂新帽子，就這樣忘掉了舊帽子和你的信件。」看起來，林肯的工作間有點凌亂，所以就把帽子當成一個公事包呢。

　　專門研究林肯的傳記作家就指，禮帽對林肯來說很重要，不但可以為林肯收納東西，還可以為他遮風擋雨，更可為他塑造高大的形象。

　　林肯也會摘下禮帽，據說，有次路邊有個身穿破爛衣衫的黑人老乞丐對着林肯行鞠躬禮，林肯也隨即摘帽向老人回禮。隨行人員對總統的舉止表示不理解，林肯說：「即使是一個乞丐，我也不願意他認為我是一個不明白事理的人。」總統向平民鞠躬，這在當時嚴重不平等的美國社會，可說是破天荒的舉動。這個鞠躬對於當時社會而言影響深遠，也代表着總統為推動平等社會又邁進一大步。

　　林肯生前最後戴着的一頂禮帽至今仍被好好保存着。1865 年 4 月 14 日，林肯去劇院觀賞戲劇的時候戴了一頂禮帽，帽子上有一圈黑色絲帶，據說是用來紀念他因病死去的兒子。林肯被暗殺後，帽子輾轉被交到美國半官方的博物館機構史密森尼學會。直到 1893 年，史密森尼學會將帽子借給林肯紀念堂協會舉辦展覽後，公眾才再次看到這頂帽子。

坐熱氣球升空，
與死神擦肩而過？

人類在數千年來，從來沒有放棄過探索未知的領域，例如天空。有賴萊特兄弟成功研發了飛機，讓我們現在可以乘坐飛機去到海拔約 1 萬米的高空，欣賞不同的雲上景色。原來早在萊特兄弟於 1903 年發明第一架飛機之前，在 200 多年前，地球就有兩個人靠着熱飛球來到差不多的高度，而他們當時所乘坐的，是熱氣球。

熱氣球是利用熱空氣的密度比常溫空氣密度低的原理來飛行。它由一個大球皮、燃燒器和籃子組成，其中燃燒器是熱氣球上升的動力來源。開啟燃燒器後，球皮內的空氣就會受熱膨脹，密度變得比外面的冷空氣低，重量較輕，熱氣球便會產生浮力，向上升起。

熱氣球最早的發明可以追溯至中國三國時期由諸葛亮發明的孔明燈，用作傳遞軍事信號。到了 1783 年，法國的孟戈菲兄弟製作出大型熱氣球，在巴黎進行了人類史上首次的熱氣球載人飛行，成功飛行了約 25 分鐘。

　　到了 19 世紀，氣象學家古利沙（James Glaisher）聯同資深的熱氣球飛行員葛士維（Henry Coxwell）搭上熱氣球，遠奔高空，希望盡可能在不同海拔高度記錄空氣溫度、濕度的數據。他們合作了數次後，1862 年 9 月 5 日是他們第 7 次一同乘熱氣球升空。

　　大家要留意，升得愈高，氣壓愈低，空氣中的氧氣就愈稀薄，而古利沙和葛士維並沒有帶同氧氣罩升空，因為氧氣罩要到第二次世界大戰的時候才被發明出來的。再補充說明一下，珠穆朗瑪峰的高度是海拔 8,848 米。

　　據古利沙事後報告，當時兩人與熱氣球「升得太快」，到了海拔 8,000 米時，他「迷失」了，之後更失去了意識。幸好，駕駛熱氣球的葛士維經驗老到，沒有暈倒，然而，他發現能夠控制熱氣球下降的氣閥卻被繩子纏住，打不開了！他硬着頭皮爬出熱氣球外，可是低溫令他的手指凍傷了，他別無選擇，只能用牙齒咬開氣閥，才成功讓熱氣球開始降落，最後安全着陸。事後檢查發現，他們飛行到海拔 9,000 米左右，打破了人類史上熱氣球飛行高度的紀錄。

　　這兩個狂人為了測量大氣的數據，卻差點失去性命了！

李小龍一身好武功，
卻竟然怕蟑螂？

　　李小龍是香港功夫電影界的一代宗師，創立了截拳道，曾掀起全球功夫熱潮。在電影中經常以英雄姿態出現的李小龍固然所向披靡，現實中不少見過李小龍的資深動作演員如洪金寶、李家鼎等，也說不敢與他對打。可是，這名武術巨星竟然有個細小的敵人——蟑螂！

　　我們先說說李小龍的「威水史」吧。李小龍擁有一項健力士世界紀錄：在電子遊戲中出場次數最多的真實武術家角色。他在死後「主演」了 13 個電子遊戲，可以看出全球人類對李小龍的熱愛。

　　李小龍更是憑一己之力改變了外國人對中國的刻板看法——你一定也有聽過傳奇對白「中國人不是病夫」！以前

很長一段時間，西方電影中的中國人都是細眉長眼、面目猙獰、奸詐陰險的大壞蛋。當李小龍開始闖蕩美國荷里活，他立志要改變西方人對中國人的印象，並憑着「中國功夫」驚艷全球。他的電影也一直將中國人描繪成打不死、意志堅定的強大形象，令外國人十分佩服，至今仍有不少人特意翻找他的電影來看，沉迷於這位巨星的拳風腳影之下。美國《時代雜誌》就將李小龍評為 20 世紀的英雄和偶像，說：「李小龍只是用手、腳及一大堆姿勢，就神奇地將一個瘦小的人變成強悍的人物，改變了中國人形象。」

不過，這個傳奇形象可能被他的姊姊和弟弟「毀壞」了。姊姊李秋源手持着弟弟的把柄，她說李小龍一直不懂得踏單車，也不會游泳，所以以前李小龍每逢跟家人去游泳時，她都會戲弄李小龍，把他的頭按進水裏。

弟弟李振輝則透露了李小龍的弱點。他說，兒時在家的時候，有一天晚上大家都睡了，突然李小龍的房中傳出「啊」的尖叫。家人當然立即跑去看，卻見到李小龍已經跳到桌子上，再一看，地上有一隻蟑螂！李振輝說，「這是他的恐懼，每次見到蟑螂，他都會這樣反應。真不可思議。」原來功夫再好的人，也會有弱點，而李小龍的弱點其實跟很多普通人一樣呢。

不過李振輝也有為哥哥「挽回形象」，說李小龍會把蟑螂串成珠子戴在身上，來克服恐懼。怕蟑螂的大家，你們要不要試試李小龍的做法呢？

喬布斯選擇退學，
是他一生中最好的決定？

　　自從蘋果創辦人之一的喬布斯發布第一代 iPhone，世界開始翻天覆地。喬布斯的想法十分前衛，而他所做的事，在他的年代更是十分罕見，例如他曾經在大學退學，並說這是「一生中最好的決定」。

　　當時喬布斯在里德學院學習了 6 個月後，不太滿意課程內容，不明白學習這些東西有什麼意義，也不知道自己這輩子想做什麼。他覺得昂貴的學費用盡了養父母畢生的積蓄，而他卻學不到有用的東西，於是決定休學。

　　不過，喬布斯不是偷懶，也不是不喜歡學習知識，只是他想學習一些自己感興趣的東西。他開始到處旁聽：「當時里德學院有着全國最好的書法教育，到處都看得到

優美的手寫書法……書法很漂亮、很有歷史感和藝術氣息，我深深被吸引。」在書法課上，他學到什麼是「襯線」（Serif）與「無襯線」（Sans Serif）字體、不同字體之間會產生不同行距、字與字之間的留白美感，以及怎麼調整才會令字體更加完美。不過再過了1年，喬布斯還是決定了退學。

那時，喬布斯也大概沒有想過書法會為他賺得大錢，不過後來他在設計第一台 Macbook 時，就把書法課知識派上用場了。他與大學同學一起設計出各種不同字型，然後全部放進電腦內，這就成為了全世界第一台擁有不同字型選擇的電腦！

之後喬布斯一直開發出令市場驚歎不已的產品，逐步改變世界。我們現在知道了，一個強大的新科技，可以取代大量日常產品，可以影響全球數十億人的生活，也改變了人類溝通、學習和玩樂的方式。

喬布斯成功後，曾在美國名校史丹福大學演講，說：「你向前看時，不能將那些點連接起來，你只能在回望時，才能將那些點連接起來。所以你要相信，某日那些點總會連接起來，你要相信一些事物——你的勇氣、命運、人生、因果等。這個方法從未使我失望，並徹底改變了我的人生。」相信這番話，也很適合努力讀書和工作，卻偶爾迷失的大家吧。

霍金如何顛覆
我們對黑洞的認知？

　　一直以來，人類都對黑洞都充滿疑問，黑洞是黑色的嗎？裏面裝的是什麼東西？人們一直都以為黑洞是個能吞噬一切東西的無底洞。不過，由已故英國物理學家霍金寫下的《時間簡史》為我們介紹了什麼是宇宙、宇宙發展的狀況，以及什麼是黑洞和大爆炸。這套著作出版後，顛覆了我們一直對黑洞的認知。

　　1974 年，霍金當時在英國劍橋大學任教，他第一件告訴我們的事是，黑洞根本不是想像中那麼黑，只是我們誤會了——黑洞會不停地散發出輻射能量！霍金補充，黑洞雖然在吞噬一切，卻會因不斷發出熱輻射而逐漸縮小，最終消失。在這個見解中，霍金其實是將普遍相對論的時空彎

曲現象和量子力學這兩個風馬牛不相及的物理理論結合在一起，霍金是第一個這樣做的人，因此這篇論文一發表後就震驚了當時的物理和天文學界。

簡單說說「黑洞會散發出輻射能量」的意思。根據物理學理論的假設，真空的宇宙不是什麼都沒有，而是不停產生成雙成對的「實粒子」和「虛粒子」，聚在一起後一併消失。黑洞是宇宙中質量最高、引力最大的天體，它周圍的東西會被拉進去。當實粒子和虛粒子這對孖寶在黑洞的邊緣，如果其中一個粒子掉進黑洞，就無法再與另一個粒子結合，孤零零的粒子就會帶同能量往反方向離開，看起來就像是黑洞會散發出熱輻射，被稱作「霍金輻射」。

這也是霍金第二件要教我們的事：物質可以從黑洞逃出來。如果你即將要掉入一個黑洞，也不要放棄！

在 2019 年 4 月，科學家公布了史上第一張黑洞照片。這張照片是來自距離我們約 5,500 萬光年的 M87 星系，裏面的一個超巨型黑洞（supermassive black hole），質量大約是太陽的 70 億倍。相片可以清晰看到一個發光的橙色光環圍繞着一個黑色的中心。不過要留意，橙色光環其實不是橙色的，只是因為天文儀器收集到的光線，是人類肉眼看不見的，但是為了指出黑洞的光環非常熾熱，所以科學家便把光環塗上了橙色而已。

可惜，儘管霍金一生研究黑洞，卻在黑洞照片發布前一年就過世了。

居禮夫人遺物的輻射
將持續逾千年？

　　你知道第一個獲得諾貝爾獎的女性是誰嗎？她是居禮夫人。你知道第一個兩度及分別在不同領域獲得諾貝爾獎的人是誰嗎？她也是居禮夫人。居禮夫人和丈夫傾盡畢生努力發現了新的化學元素，除了為我們留下豐厚的科學知識外，也留下了「另類的詛咒」。儘管她已逝世近 100 年，但至今她大部分個人物品仍然存有輻射物質，估計還會持續逾千年！

　　居禮夫人的貢獻除了是發現兩種新化學元素釙和鐳，還開啟了物理學上一個全新的研究領域——輻射學（「輻射」一詞也是由她起名）。釙和鐳能夠發出具有能量的輻射線，可以用作治療癌症，殺死癌細胞，縮小腫瘤。不過，釙

和鐳的發現對後世亦有意想不到的影響，就是幫助科學家進一步研究原子，最終開發出核武器。可以看到，居禮夫人的發現為人們帶來了希望，同時也帶來災難。

不過，這兩種新發現的化學元素也蠶食了居禮夫人的健康，令她的身體出現問題。由於釙和鐳是全新的發現，當時居禮夫人還未清楚輻射物質有多危險，兩種元素日夜與她為伴，令長期身處在充滿輻射環境中的她患上「再生不良性貧血」。這種貧血和一般的貧血不同，是指骨髓（人體的造血工廠）被自己的免疫系統攻擊而失去了造血功能，一旦出血或感染，很容易出現流血不止、嚴重感染的狀況，嚴重的更會危害性命。1934 年 7 月，居禮夫人去世。

居禮夫人的遺物如親筆手稿、論文，甚至是食譜等都受到輻射污染，現在全被謹慎地存放在能夠隔絕輻射的鉛製盒子之中。雖然收藏盒子的法國巴黎國家圖書館允許訪客觀看這些資料，但所有訪客都需要先簽署一份免責聲明，還需要穿戴防護裝備，才可以參觀。

那麼，這些遺物何時才不再有輻射危險？這就要等到鐳開始衰退，輻射才會減少，鐳的半衰期大約是 1,600 年，也即是說，居禮夫人的筆記要再過大約 1,500 年，輻射程度才會減半。如果要完全衰退，那就要更久了。今日我們仍然要小心翼翼地接觸這些物品，也可以想到，當日居禮夫人是冒着怎樣的危險來完成研究。

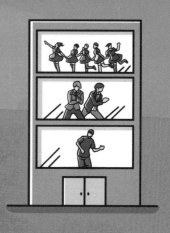

以人物命名的事物

孔子是一隻鳥，
也是一頭恐龍？

　　「孔子是鳥！孔子是恐龍！」這句話可能會觸怒不少人，因為孔子是「至聖之師」，怎麼會不是人呢？不過，這句話真的不是謊言呀，因為古生物學家把他們發現到的新物種命名為「孔子」。

　　根據國際慣例，新物種可以按照物種的特徵如顏色、大小、紋理等來命名，也可以使用發現地點或生態分佈的區域。另一種常見的命名法就是人物的名字，例如以已故的著名科學家的名字來命名，以表示向前輩致敬。所以也不難理解，在中國發現的新物種，會用上中國文化崇拜的聖賢孔子來命名了。

1993 年，遼寧省有個農民採集到大約 30 厘米大的鳥類化石，後來又有一個化石收集者蒐集到一些類似鳥類前肢和頭顱骨的化石。對兩人來說，這只是獵奇的收藏；不過經古生物學家侯連海教授研究後，他認為這些化石是屬於一個之前未被發現過的物種，並把它命名為「聖賢孔子鳥」，同時也建立了「孔子鳥科」和「孔子鳥目」。在已公開的化石標本中，孔子鳥的骨骼結構十分完整，羽毛痕迹也很清晰，體型估計與今日的鴿類差不多大小，推測生活在約 1.25 億年前。孔子鳥也是目前已知最早擁有無齒角質喙部的鳥類。

　　孔子除了是人、鳥，還是隻恐龍！孔子天宇龍在 2009 年由中國古生物學家發表和命名，屬名「天宇」是指保存標本的山東省天宇自然博物館；種名「孔子」當然是指孔子，因為孔子的故鄉曲阜就是位於山東。

　　孔子天宇龍生存在 2 億多年前的白堊紀早期。它是屬於鳥臀目的畸齒龍科恐龍，以前畸齒龍科的化石只是在南美洲與北美洲有發現紀錄，這次在中國發現後，證明畸齒龍科恐龍在亞洲也有足迹。

　　古生物學家還在孔子天宇龍化石發現了頸部、背部、尾巴有類似羽毛的細管狀壓痕。須知道，生存在約 1.5 億年前的始祖鳥一直被認定是最早的有翅膀恐龍，孔子天宇龍可是生存在 2 億多年前，這說明羽毛的起源可能比我們想像的還要早得多。這個發現將引領我們對羽毛的身世和演化向着新的研究方向繼續探索下去！

泰迪熊的名字
居然是取自美國總統？

　　不少大小朋友都喜歡把毛絨絨的泰迪熊（Teddy Bear）抱在懷中，但你知道你抱着的，其實是美國史上就任時最年輕的總統羅斯福（Theodore Roosevelt，綽號 Teddy）嗎？

　　故事是來自於 1902 年 11 月 14 日，喜歡狩獵的羅斯福獲邀請到密西西比州獵熊。那天羅斯福的運氣不好，隊內其他獵人都相繼成功獵熊了，羅斯福卻連半隻熊也找不到，總統好像大失尊嚴了！

羅斯福的助手與另一名獵人後來發現了一頭黑熊，便將牠逼到死角，將牠綁在樹上，然後他們就請羅斯福過來開槍。不過，羅斯福看到這隻被綁在樹上的黑熊後，認為這個行為不符合體育精神，斷然拒絕射殺。

當時的政治漫畫家貝里曼知道這件事後，便畫了一幅漫畫：圓臉大眼的可愛黑熊坐在地上，以溫順無辜的眼神仰望着總統，羅斯福背對着熊站着，右手拿着槍，左手做着拒絕殺死獵物的手勢。這幅漫畫被刊登在《華盛頓郵報》上，除了引發民眾的好奇心，也激起愛熊的熱潮。

一個糖果店老闆在報章上看到這幅漫畫後，便轉動了他的生意頭腦，他想到把漫畫中的小熊做成絨毛玩具，將它獻給拒絕射殺黑熊的總統。糖果店老闆與妻子一起製作了玩具熊後，就以羅斯福的綽號將它起名為「泰迪熊」。

有說羅斯福以為這款玩具熊不會很受歡迎，也就允許了糖果店夫婦採用「泰迪熊」的名字。毛絨絨的泰迪熊後來大受歡迎，之後這對夫婦更創立了玩具公司，生產大量「總統」，銷往各地。

到了今日，泰迪熊在全球廣受歡迎，多年來都被視為擁有安撫小孩子情緒的療癒能力，成為了小孩子成長階段的好朋友。在玩具店、遊戲攤位、年宵市場都不難找到它的身影，它也是很多大人和小孩的枕邊玩伴。

菲律賓的國名
竟源自西班牙？

　　香港的名字由來有很多說法，其中一個傳說是，香港昔日是重要的香木貿易港口，香氣瀰漫，所以就把這個地方稱為「香港」，即是「芳香的港口」。就如香港的名字由來，不少地方的名字都能夠反映當地的歷史，東南亞國家菲律賓的名字也很特別，因為它是由西班牙人起名的。

　　故事要說回 1521 年，那年葡萄牙航海探險家麥哲倫率領西班牙帝國的探險隊橫渡太平洋，最後「發現」了這片菲律賓群島。雖然麥哲倫最終被當地土著斬死，但西班牙人不屈不撓，再次來到菲律賓，攻佔了宿霧，開始

殖民。為炫耀西班牙帝國的功績，他們便把島群命名為 Las Islas Filipinas，向當時仍是王子的腓力二世致敬。

時至今日，菲律賓是以外國人名，而且是殖民者的國君名字，作為國名的唯一亞洲國家。

其實，這個故事也反映到 16 世紀的世界局勢。當時歐洲強國如西班牙和英格蘭的探險家帶着船隊，駛到落後國家，四處搶掠，屠殺原住民，把俘虜來的人賣作奴隸，然後建立起殖民地。以菲律賓為例，西班牙帝國統治了超過 300 年，到 1898 年美國勝出美西戰爭，向西班牙購買了菲律賓的主權後，菲律賓又被美國統治了約 50 年；直至 1946 年，菲律賓才正式獨立。

由於國家是由殖民者命名的，老是令人回憶起昔日被殖民統治的經歷，所以前菲律賓總統杜特爾特就曾經提議把「菲律賓」這個國名改成「馬哈利卡」（Maharlika）。馬哈利卡在菲律賓語解作「自由人」，在馬來語中也有尊貴及和平的意思。這個名字看起來也比較貼近菲律賓的本地文化，比起殖民者給予的名稱，有尊嚴得多了。

如果菲律賓真的改名字了，現今的世界地圖就會變得不合時宜，要換過一批了！

瑪格麗特薄餅
是怎樣征服王后的味蕾？

2017 年 12 月 7 日，意大利那不勒斯的薄餅師傅在街頭免費派發薄餅，慶祝那不勒斯薄餅的製作手藝被正式列入聯合國教科文組織的非物質文化遺產。傳統那不勒斯薄餅的製作手藝由選擇麵粉、製作麵團、拋擲和旋轉麵團，到爐具都有規定……近年世界各地都有薄餅店推出新奇口味的薄餅，不過在那不勒斯，薄餅只有兩種，第一種是水手薄餅，第二種是瑪格麗特薄餅。

我們就在這篇了解一下瑪格麗特薄餅，據說它的名字與高貴的瑪格麗特王后離不開關係呢。

故事來自意大利傳說，在 1889 年 6 月，國王翁貝托一世與瑪格麗特王后到訪那不勒斯時，聞到了薄餅店裏飄來的香氣，便前往試食。當時的廚師為他們做了 3 款薄餅，其中一款是新研發而尚未命名的薄餅；這個與意大利國旗顏色相同的薄餅——綠（羅勒）、白（水牛芝士）和紅（番茄醬），成功吸引王后的目光。

這個薄餅只用上 3 種配料，簡單的味道更是征服王后的味蕾，於是王后便詢問廚師這款薄餅的名字。廚師靈機一觸，便說：「這款薄餅就是瑪格麗特薄餅。」王后聽了後也很開心，從此這款薄餅就跟王后同名了。

這裏還有另一個說法，就是王后當時親自為薄餅取名。不管是第一種還是第二種說法，都是說瑪格麗特薄餅好吃得征服了王后的味蕾！不過要留意，這個故事是一個傳說。歷史學家質疑這個故事是意大利王室的宣傳橋段，因為故事內容似乎太過巧合了：未命名的薄餅、薄餅顏色展示出熱愛國家的心和成功俘虜貴族口味的平民食物。

碰巧的是，薄餅最初其實是窮人的食物，很多貴族都看不起薄餅。不過自從瑪格麗特薄餅獲得王后喜愛的故事流傳開去，薄餅的地位也一飛沖天，成為王室認證的美食。

不論傳說是真是假，到了 19 世紀，薄餅伴隨着意大利人移民的腳步去到美國，美國人更創作出餅底較厚的「美式薄餅」，令薄餅成為聞名世界的美食！

誰用自己的名字
替公司取名？

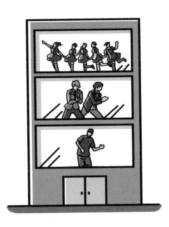

　　公司名稱是成立公司一定會遇到的難題，取個好名字讓人記住，可能是生意好壞的關鍵。有些老闆就不想太多，選擇以自己名字為公司取名，例如兩間韓國造星工廠——SM 娛樂和 JYP 娛樂。

　　SM 娛樂是以創辦人李秀滿（Lee Soo Man）英文名字中後兩個字的首字母命名。JYP 娛樂則是取自創辦人朴軫永（Park Jin Young）英文名字的首字母。

　　如果你有留意韓國流行音樂（K-Pop）的話，可能也聽過東方神起、Super Junior、少女時代、aespa 等紅遍

亞洲的偶像團體，這些組合都是來自 SM 娛樂；JYP 娛樂則推出過 Wonder Girls、TWICE、GOT7、Stray Kids 等團體。這些 K-Pop 偶像一面唱着簡單易上口的歌詞和洗腦旋律，一面跳着精心設計的舞蹈，吸引香港和亞洲歌迷，目前正在向歐洲、美國及南美擴展影響力。

其實在上世紀 80 至 90 年代，風靡韓國的是香港影視和音樂！當時韓國人很喜歡張國榮、周潤發、梁朝偉、張曼玉等香港明星，也不太支持本土娛樂業。不過，韓國政府其後推動「文化立國」，鼓勵音樂、電影、電視、漫畫等軟實力行業發展。

李秀滿和朴軫永兩人本來也是歌手，後來乘着國家政策，也分別創辦娛樂經紀公司，發掘有舞蹈、音樂或演技天分，甚至有武術實力的年輕人，加以培訓成為韓流偶像。SM 娛樂自 1996 年推出偶像團體 H.O.T. 獲得成功後，至今一直培育出眾多韓流巨星及團體，吸引了全球歌迷，李秀滿獲譽為韓流和 K-Pop 的先驅，甚至被戲稱為「文化界總統」。朴軫永就喜歡寫歌給旗下藝人，然後在前奏加入一句「JYP」，等同打上自己的標記。李秀滿和朴軫永兩人的名字，也因為公司名稱而被不少人記住了！

除了公司名稱外，據說李秀滿會在 K-Pop 偶像出道前為他們取組合名字和藝名，不過部分名字例如「五臟六腑」、「降水」、「關羽」等都太奇怪了，曾經被很多人嫌棄拒絕呢！

伯爵茶為什麼叫伯爵茶？

　　格雷伯爵茶，簡稱為伯爵茶，是一種帶有柑橘香氣的紅茶。近數年伯爵茶在香港愈來愈受歡迎，伯爵茶曲奇餅、伯爵茶香薰、伯爵茶香水，甚至伯爵茶口味的月餅也出現了。那麼，伯爵茶的名字是來自一位高貴的貴族伯爵嗎？那是平民不能喝的茶嗎？

　　伯爵茶是由英國茶商唐寧商行（Twinings）於 1831 年發明，以當時擔任英國首相的查爾斯格雷來命名。他出身於名門望族，父親是第一代格雷伯爵，而他是第二代格雷伯爵。英國的貴族爵位共分成五等，分別為公爵、侯爵、伯爵、子爵和男爵，以公爵最高，男爵最低。

原來，伯爵茶與中國有一段淵源。

據說格雷伯爵的一個英國特使曾經英勇地拯救了一個清朝中國官員的生命，之後伯爵收到茶和茶的配方作為謝禮。他喝過後覺得十分喜歡，於是便邀請茶商唐寧調配出這款茶，以便在官邸侍候貴賓。很多來客試過後都大說喜歡，伯爵便允許茶商公開售賣這種茶，伯爵茶便因此得名，開始在英國流行起來。

不過，也有人懷疑這個故事是不實的，因為製作伯爵茶的其中一個材料香檸檬（bergamot，過去被譯作佛手柑）原產自意大利，那時還未傳入中國，那名中國官員不太可能把香檸檬拿到手，又怎能調配這款茶呢？可是再想深一層，會不會是有中間人藉機會把香檸檬和秘方送給中國官員，讓他再轉贈予格雷伯爵呢？大家覺得有可能嗎？

還有人說，那可能只是格雷伯爵按自己的喜好將各款茶葉混來混去，然後有次靈機一動加入香檸檬精油，便成為了伯爵茶。

也有人認為，當時格雷伯爵是英國首相，茶商研發出新茶後，便取用首相的名字用來宣傳。伯爵茶的名字聽起來就是冠冕堂皇的，確實可以吸引到客人呢！

不過，上述英國特使英勇拯救中國官員、伯爵收到回禮的故事，可是來自原作者唐寧商行呢。

全世界有多少棟逸夫樓？

　　如果你曾到過香港不同大學參觀，相信不難發現不少學校大樓都刻上「邵逸夫」或「逸夫」的名字。你知道誰是邵逸夫嗎？

　　邵逸夫是香港無綫電視 TVB 和邵氏影業的創辦人。他創立本地電影及電視王國，歷年培育出演藝界無數巨星，至今出產逾千部電影、電視劇和娛樂節目。曾幾何時，很多香港人每天晚上都會乖乖坐定，用「電視汁撈飯」！

　　邵逸夫除了是影視大亨外，他還有另一個身分，就是大慈善家，熱心公益，他經常以冠名贊助的方式捐款給教

育界。世界上大部分大學都會接受人們或公司捐贈,以支持學術發展、科研及教學;有些「超級捐贈者」更會贊助一整幢大樓,大學就會以設施的命名權作為回贈,以示禮尚往來。這時大家應該也明白,所有名為「逸夫」的建築都是由邵逸夫捐款而建成。

在邵逸夫生前,香港共有 9 間大學,當中有 6 間大學的校園內都有以邵逸夫為名的大樓。香港大學和香港中文大學各有 4 棟,香港城市大學、香港理工大學和香港浸會大學也各有 2 棟。特別的是,中大和浸大分別有「逸夫書院」和「逸夫校園」,這就不止是大樓了。

邵逸夫的捐贈也不限於香港,計上全世界,有超過 200 間大學樓有「逸夫」的名字!自 1985 年開始,邵逸夫在中國內地持續捐錢辦學,涵蓋多個省市,包括大、中、小學。有在內地念過大學的人說,他們對逸夫樓有着一種特別的情懷。因為在上世紀中國經濟未發達的時候,大學設施較為落後,逸夫樓可能是一棟教學樓、圖書館,或是科研大樓,但一定是校園內最先進的建築。學生都很感謝邵逸夫的捐贈,讓他們能夠在現代化的環境下度過充實的學習時光。

除了教育外,邵逸夫也熱心於獎勵科學家,他在 2002 年成立了一個「東方版諾貝爾獎」——邵逸夫獎,每年選出世界上在數學科學、生命科學與醫學、天文學三方面有成就的科學家,已頒發獎項給超過 100 位傑出科學家!

諾貝爾獎到底多有錢？

　　諾貝爾獎自 1901 年起，每年都會向不同界別中對人類利益作出最大貢獻或創造出重大發明的人，頒予一枚獎章、一張獎狀及一筆獎金。至今諾貝爾獎已經頒發了超過 100 年，怎麼獎金還未派光光？它是個會生出錢的撲滿嗎？其實，諾貝爾獎的獎金是來自瑞典化學家諾貝爾的遺產，當然沒有無限金錢，獎金也曾經試過快要用光光，幾乎沒有錢派發獎金了！

　　既然說到諾貝爾獎，當然也不得不提諾貝爾了。諾貝爾一生擁有 355 項不同的專利，其中最著名的就是改良了炸藥。改良後的炸藥對於爆破岩石、開挖山洞等都有很大的幫助，諾貝爾也因此賺了不少錢，成為顯赫一時的大富翁。

不過，由於改良後的炸藥被用作破壞和戰爭之中，令諾貝爾的評價變得惡劣，他曾被指摘是導致許多人死亡的「軍火商」。在即將辭世之際，諾貝爾下定決心，要擺脫黑心商人的稱號，便立下遺囑：「請將我的財產變成基金，由我的執行人投資於安全的資產，每年用衍生的利息作為獎金，獎勵那些在前一年為人類做出卓越貢獻的人。」據估計，諾貝爾離世時，留下約 3,100 萬瑞典克朗（相當於現時約 13 億港元）。

　　正常來說，只用利息作為獎金，本金放着不動，是能不斷創造源源不絕的利息來派發。不過原來諾貝爾的遺囑又規定了，基金會只能投資於定期存款這類較安全的資產，但又要讓每位得獎者都有相當於 20 年的薪水作獎金。基金會派着派着就發現，投資所得的利息根本不夠派獎金！到了 1953 年，基金會瀕臨破產了。

　　瑞典國家銀行知道這事後，就向諾貝爾基金會捐款，另外基金會也修改了基金管理辦法，改為投資股票、房地產等，獲得較高回報，從而令資金不再是入不敷支，就有足夠的獎金發放給傑出的科學家。

　　截至 2023 年，諾貝爾獎共頒發了 621 個諾貝爾獎，共有 1,000 名得獎者，最年輕的得獎者是 17 歲，最年長的是 97 歲。如今世人眼中的諾貝爾已不再是黑心商人，而是一個大慈善家，每年他的名字都會和醫學、文學、化學、物理學、經濟學等領域成就非凡的人一同被高呼起來！

當你見到天上星星，
會認出張國榮和梅艷芳嗎？

「當你見到天上星星，可會想起我……」這是來自「哥哥」張國榮演唱的《明星》。遙望夜空，確實有顆小行星名為「55383 Cheungkwokwing」（張國榮），還有一顆小行星是哥哥的生前好友、被譽為「香港女兒」的巨星「55384 Muiyimfong」（梅艷芳，又名「梅姐」）。

這個消息是刊登在 2018 年 7 月 11 日出版的《小行星通告》，將這兩顆小行星命名的人是香港業餘天文學家楊光宇。

小行星是指在太陽系內圍繞太陽運動的天體，但體積和質量比行星小很多。目前人類已經觀測到近百萬顆小行星，絕大部分位於火星和木星之間。

小行星是目前唯一可以由發現者命名並獲得世界公認的天體。根據國際天文學聯會，當小行星的軌道被精準確認後，便會獲得一個永久編號，加上發現者可以提議小行星的名字，所以小行星的正式名字就是一個永久編號加一個名字。楊光宇發現到 55383 號與 55384 號的小行星，然後為它們冠上兩位香港巨星的名字。

　　楊光宇是前香港天文學會會長，他在美國有一個名為「沙漠之鷹」的私人天文台，專門從事小行星和其他天體的搜尋工作，至今他已發現超過 1,700 顆小行星，在全球業餘小行星搜索者中排行第二。

　　除了哥哥和梅姐外，由楊光宇發現及命名的小行星還有很多：以香港藝人命名的還有劉德華、古天樂、周潤發、鄧麗君、黃家駒等，近代為香港社會貢獻良多的人物也被楊光宇用作取名，例如肝病權威黎青龍、中國歷史泰斗余英時、著名粵劇作家唐滌生等。

　　人物以外，楊光宇還用上地方、物件的名稱——維多利亞港、洋紫荊、可觀自然教育中心也成為繞着太陽轉的小行星。綜合楊光宇的起名方式，大概也不難想到，他對香港有很深厚的感情，也許一個城市、一些人物在歷史上都逃不過興亡，但在宇宙裏也能以另一個方式永垂不朽呢！

誰能夠在水星留名？

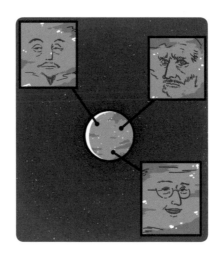

　　水星是八大行星中最小和最靠近太陽的行星，現今科技還未能讓人類踏足水星，但古人已經先我們一步「登陸」水星了！為什麼這樣說？

　　因為美國太空總署（NASA）在 2014 年就舉辦過水星隕石坑命名大賽，邀請大家為水星上的 5 個重要隕石坑提議名稱。不過，名字不可以亂來，只能是人物，而且是在藝術或文化界領域有重要貢獻的人物，這個人物也必須已經過世 3 年以上，所以路飛、安妮亞佛傑、哈利波特等人都不能被送到外太空！

最後獲選的 5 個名稱是愛爾蘭作曲家 Carolan、美索不達米亞詩人 Enheduanna、加拿大攝影師 Karsh、埃及女歌手 Kulthum 和墨西哥畫家 Rivera。

水星表面和月球很像，到處都是隕石坑、山脊、平原、盆地等地理地貌，這些地貌很多都被人類冠上了名稱。例如隕石坑的名字都是取自已經過世的偉大畫家、作家、音樂家，除了上述 5 位偉人外，還有曹霑（曹雪芹）、約翰連儂、梵高等。又例如山脊則是以對水星研究有貢獻的天文學家的名字來命名等。

為什麼要為水星的地貌命名呢？聰明的你應該想到，這是為了方便科學家作溝通和研究。例如要稱呼「貝多芬隕石坑」，總比說「位於南緯 20 度，西經 124 度、直徑 630 公里的水星上第三大隕石坑」來得簡單吧。

你可能還會問，那為什麼不用科學家的名字來命名水星的地貌呢？原來，國際天文學聯會為不同行星和衛星建立了各自的命名規定，這樣就可以避免混淆。科學家和探險者的名字就被用在月球的隕石坑，例如阿波羅坑及它周圍的衛星坑就是以遇難的美國太空人來命名。金星上的隕石坑就以著名的女性如花木蘭、李清照等，或世界各地女性的常見名字來命名。

如果大家一直努力為人類作出貢獻，說不定在許多年之後，後人會用上你的名字來命名太空的某一個角落呢！

教科書沒有告訴你的奇趣冷知識 名人篇

編 者	明報出版社編輯部
助 理 出 版 經 理	林沛暘
責 任 編 輯	梁韻廷
文 字 協 力	鄭智文
繪 畫	Yuthon
美 術 設 計	張思婷
出 版	明窗出版社
發 行	明報出版社有限公司
	香港柴灣嘉業街 18 號
	明報工業中心 A 座 15 樓
電 話	2595 3215
傳 真	2898 2646
網 址	http://books.mingpao.com/
電 子 郵 箱	mpp@mingpao.com
版 次	二〇二四年三月初版
I S B N	978-988-8829-14-9
承 印	美雅印刷製本有限公司

© 版權所有‧翻印必究

如非註明，本書內所有圖畫並非按真實比例及史實繪畫。
本出版社已力求所刊載內容準確，惟該等內容只供參考，本出版社不
能擔保或保證內容全部正確或詳盡，並且不會就任何因本書而引致或
所涉及的損失或損害承擔任何法律責任。